2025 年的数学科学

〔美〕美国科学院国家研究理事会　编著

刘小平　李泽霞　译

科学出版社

北京

图字：01-2014-1164 号

内 容 简 介

本书译自美国科学院国家研究理事会的“2025 年数学科学委员会”于 2012 年完成的一部报告，系统地介绍了新世纪数学科学的内涵，剖析了数学科学的本质及其与其他科学的关系，并深入探讨了数学科学 2025 年的发展愿景。

本书可供数学领域的科研人员、研究生、教育工作者和管理者阅读参考。

图书在版编目(CIP)数据

2025 年的数学科学/美国科学院国家研究理事会编著；刘小平，李泽霞译. —北京：科学出版社，2014.5

书名原文：The Mathematical Sciences in 2025

ISBN 978-7-03-040564-7

Ⅰ. ①2… Ⅱ. ①美… ②刘… ③李… Ⅲ. ①数学-研究 Ⅳ. ①01-0

中国版本图书馆 CIP 数据核字 (2014) 第 093022 号

责任编辑：赵彦超 徐园园／责任校对：刘亚琦
责任印制：吴兆东／封面设计：耕者设计工作室

科 学 出 版 社出版
北京东黄城根北街 16 号
邮政编码：100717
http://www.sciencep.com

北京虎彩文化传播有限公司 印刷

科学出版社发行 各地新华书店经销
*
2014 年 5 月第 一 版 开本：720×1000 1/16
2022 年 8 月第十次印刷 印张：11 3/4
字数：233 000

定价：68.00 元

(如有印装质量问题，我社负责调换)

译者序

进入21世纪，数学科学的新思想和新应用不断涌现，在庞加莱猜想的证明，复杂模型中不确定性量化，复杂系统（如社会网络）建模和分析方法，蛋白质折叠问题，朗兰兹纲领基本引理的证明，从生物学、天文学、互联网等其他领域的海量数据中挖掘知识的方法、算法与复杂性，几何学和理论物理学的相互作用，统计推断的新前沿，数学科学和医学，压缩传感等领域都取得了一些重要的、突破性的进展。近几十年来，数学科学进行了巨大创新并提高了生产力。随着数学各分支领域之间的相互交叉与融合，数学科学表现出很强的统一性和连贯性。从科学发展史来看，数学各分支学科的相互交叉与融合带来了意想不到的成果，数学与许多应用领域之间的相互影响也发挥了重要作用。学术交流的新工具，如博客和开放的知识库，有助于前沿研究的开展。数学科学的活力为科学与工程、产业和技术、创新力和经济竞争力，以及国家安全都做出了重要贡献。

本书译自美国国家学术出版社2013年出版的*The Mathematical Sciences in 2025*，是美国科学院国家研究理事会的“2025年数学科学委员会”于2012年完成的一部报告。该报告的目的是深入研究和系统总结数学科学，发现其发展规律，力图抓住科技发展的新机遇，精心谋划未来，为美国国家自然科学基金会（NSF）数理科学部提供建议，以期提高数学科学的生命力和影响力，调整NSF的投资策略，确保决策者选准战略方向和突破点，抓住历史机遇。本书分成六个部分。第一部分全局性地介绍了数学科学。第二部分阐述最近一二十年数学的最新进展与突破，阐述数学的健康发展与生命力。第三部分总结了当今数学的研究现状、数学科学与其他领域的联系。

第四部分分析了当今数学的发展趋势、数学未来发展面临的机遇与挑战。书中提出了美国数学科学2025年的发展愿景，前瞻性地思考数学未来的整体布局、重要科学问题和前沿方向，以及给美国国家科学基金会建议的美国发展数学科学领域的人才队伍、资源来源与配置等政策措施。第五部分讨论了美国培养数学科学人才的计划与现状。第六部分讨论了数学学术环境的变化。

本书的翻译出版得到了中国科学院国家数学与交叉科学中心的资助，在此致谢！

刘小平　李泽霞
中国科学院国家科学图书馆
2013年12月

总　　序

1. 概　　要

美国的数学科学始终充满活力，无论是在基础理论研究还是在高影响力的应用研究方面都取得了重大进展。随着数学科学内部各分支领域之间的相互交叉与融汇，数学科学正表现出很强的统一性和连贯性。从历史上看，数学内部各分支学科的相互交叉与融汇曾带来意想不到的成就，数学和其他应用领域之间也有很多相互影响。这样的现象令人感到欣喜。数学科学的活力为科学与工程乃至整个国家的发展都带来了益处。

21 世纪的头几年，数学科学取得了一些重要的进展，包括：庞加莱猜想的证明和朗兰兹纲领的基本引理的证明；复杂模型中不确定性量化取得的进展；复杂系统（如社会网络）建模和分析的新方法；从生物学、天文学、互联网等其他领域的海量数据中挖掘知识的方法；压缩传感的进展，等等。随着理学、工学、医学、商业以及国防等越来越多的领域依赖复杂的计算机模拟和海量数据分析，数学科学为计算机模拟与海量数据分析提供基本的语言，因而数学科学在这些领域发挥着越来越重要的作用。数学日益成为社会科学的基础，并已成为许多新兴领域不可或缺的重要组成部分。人们使用数学科学思想和技术的范围在不断扩大，同时，数学科学的用途也在不断扩展。21 世纪，大部分的科学与工程都将建立在数学科学的基础上，数学科学必须不断地夯实和加固。

美国对基础科学的财政支持薄弱，对核心数学科学的支持更薄弱。为了保持整个数学科学的长期繁荣发展，必须大力发展核心数学。这需要政府和大学对数学科学的核心领域投入资金。这些投入不会在应用中得到快速和直接的回报，但会随着数学科学的长期积累和沉淀获得长期回报。数学科学通过基础理论知识的不断积累，将会引起许多未来的创新性应用。如果不重视数学理论知识的存储，将会给美国带来重大损失。

数学科学几乎渗透到日常生活的方方面面，互联网搜索，医疗成像，电脑动画，数值天气预报和其他计算机模拟，各类数字通信、商业、军事的优化以及金融风险分析都以数学为基础，每个人都享受到了数学带来的便利。

数学科学日益成为生物学、医学、社会科学、商业、先进设计、气候、金融、先进材料等研究领域不可或缺的重要组成部分。现代数学科学是指广义数学，包括数学、统计学和计算科学，以及它们与应用领域的交叉融合。广义数学对经济的增长、国家竞争力的提升和国家安全的保障都至关重要，这些事实让人们重新认识整个数学科学的资助特点和资助规模，并认识到应该重视数学科学教育。

许多数学家还没有认识到自己研究领域的作用在不断扩大，这种情况限制了数学科学界培养学生和吸引更多学生的能力。数学科学界需要共同努力，重新设计大学数学课程；需要改进数学家与外界保持联系的机制，吸引更多的学生加入到数学科学队伍，储备更多的人才，满足未来的发展需求。

数学科学在21世纪有很好的发展机会，巩固数学作为研究和技术的关键作用，保持其核心力量，是构建数学科学生态系统的关键，这对于数学科学的未来发展至关重要。现在的数学科学与20世纪后半叶的情况有着本质的不同，已经出现了不同的发展模式，数学学科具有更广泛的应用范围，会产生更大的影响。在数学科学新发展模式下，数学科学界取得了巨大的成就。如果有更多的数学家具有以下能力，数学科学对整个科学、工程、企业乃至国家都将发挥更大作用：

- 数学家除了具备自己专业领域的知识技能外，还具有整个数学学科的渊博知识；

• 数学家能与其他学科的研究人员进行良好的沟通；

• 数学家要了解数学科学在理学、工学、医学、国防与商业领域中的作用；

• 数学家要具备一些计算经验。

尽管不可能所有的数学家都具备这些能力，具有这些特点，但数学科学界应当努力提高具备这些能力的数学家的比例。

为了使更多的数学家具有这些能力，不断取得进步，委员会提出以下几点建议：

• 发展具有广泛交叉与融汇特征的数学科学文化。

• 对下一代数学家的评价要考虑数学科学与其他科学交叉融汇的特点，对需要具备数学基础的科研、工程、教师的教育也要考虑数学科学与其他科学的交叉融汇的情况。

• 应该调整机构的资助机制和奖励机制，促进数学家适当地跨学科就业。

• 应该调整数学和统计学科研部门的奖励制度，以鼓励数学科学在其他领域更广泛的应用，奖励数学家在任何领域内的重要贡献。

• 应该建立机制，帮助数学家与其他领域可能成为合作对象的研究人员建立联系。数学科学的资助机构和学术部门可以发挥作用，打破研究人员之间的合作壁垒，促进他们建立联系。例如，学术部门可以召开联合研讨会、开设跨学科课程、提供跨学科博士后职位、与其他部门在课程规划中协作，以及名誉任职等多种方式，推动这一进程的发展。

• 现在许多科学和工程方面取得的进步都以数学科学的进步为基础，许多项目的成功及其有效性都依赖数学家的早期介入。数学家应更多地参与到跨学科设计专家小组，更多地参与到跨学科资助计划评审专家小组。

• 增加对数学的资金投入。

2. 覆盖范围不断扩大的数学科学

数学科学通过对抽象结构的符号推理和计算来认识世界。数学科学一方面发掘和理解这些抽象结构之间的深层关系，另一方面对抽象结构进行建模、推理，用它们作为计算框架来捕捉世界的某些特征，然后再利用获取的特征对世界进行预测。这是一个重复迭代的过程。还有一个方面是，数学是从数据出发，使用抽象推理和抽象结构对世界做出推测的过程。数学把经验观察转变为分类、排序和理解现实世界的方法。通过数学科学，研究人员可以构建一个知识体系，能理解其中的相互关系，可发现和使用在其中所理解的任何所需的知识。通过数学科学这一自然渠道，可将概念、工具和最佳实践从一个领域转移到另一个领域。

“2025年数学科学委员会”发现，数学的学科范围正在不断扩大。随着其观点和思想跨越多个分支领域，数学科学的边界变得模糊，并且数学学科变得越来越统一。数学科学与其他研究领域之间的界限也在逐渐消失。自然科学、社会科学、生命科学、计算机科学和工程领域的许多研究人员在自己的领域和数学科学领域都很在行。随着越来越多的研究领域与数学科学之间的联系越来越密切，这样的人在不断增多。理论物理学家、理论计算机科学家很难将自己与数学家的研究工作区分开来，类似的交叉融汇现象也越来越多地出现在理论生态学、生物数学、生物信息学等领域中。

现在，数学科学的扩展远远超出了机构的界限，现在学术研究部门、资助部门、专业协会，以及主要期刊都支持数学科学的核心领域。它们构成了一个丰富而复杂的生态系统，具有某个领域专业背景的人在另一个领域做出贡献，一个领域的问题可能被研究人员意外地用另一个领域的思想来解决。数学科学的研究人员带来了特殊的想法和技能，补充了其他专业背景研究人员所不具备的复杂的数学思维。数学与科学、工程、医学和商业等其他许多领域之间的联系更加紧密，需要跨领域的思想交流，这使得拥有一个强大的数学科学界比以往任何时候都更重要。正如最近一篇对英国数学科学的评论写道：“对社会健康发展和繁荣的主要贡献来自于数学科学界的见解、成果和算法，涵盖最纯粹的数学、从数学在其他领域的应用中受启发得来的数学理论、实践性很强的应用、各种形式的统计以及运筹学研究中的理论和实践的结合。”[①]

“2025 年数学科学委员会”的成员和数学家们认为，像其他许多审视数学科学的人一样，将数学科学作为一个统一的整体进行思考非常关键。“核心”数学和“应用”数学之间的区别越来越模糊，今天很难找到一个与应用不相关的数学领域。一些数学家主要证明定理，而一些数学家主要建立和求解模型，对数学家的评价要考虑这两种类型。任何一个研究人员都可能在这两种类型的工作中转换，许多领域专家都能同时做这两种类型的工作。英国工程与物质研究理事会很好地论述了这一点：数学科学界的贡献，应该视为一个整体。虽然一些数学家主要解决现实世界的问题，但其他从事理论研究的数学家也提出了卓越的见解和提供了很好的成果，通过“好奇心驱动的研究”促进和加强了整个数学科学的发展[②]。

总体上，数学科学共享具有共性的经验和思维过程，将一个分支领域的观点和思想应用于另一个分支领域已经有很长的历史。数学科学覆盖以多种不同方式应用的基本概念、结果，以及持续的探索，这些是联系各分支领域数学家的共同基础，这对于整个数学科学事业的发展非常重要。

数学科学覆盖范围不断扩大的两个主要驱动力是：无处不在的计算模拟（它建立在数学科学概念和方法的基础上）和很多企业产生的呈指数级增长的数据量。互联网使这些海量数据能随时随地被利用，放大了这两个驱动力的影响。科学、工程和工业的许多领域都关注建立和评估数学模型，并通过分析大量的观测数据和计算数据对数学模型进行研究。这些工作本质上都具有数学性质，现在人们不能明确区分是数学科学的研究工作，还是计算机科学的研究工作，还是需要建模与分析的学科进行的研究工作。如果数学知识和数学人才都能够在这个大环境下轻松地流动，数学科学事业的健康和活力将得到最大化发展。“数学科学”的定义更加具有包容性：数学科学涵盖了各种类型的研究活动，无论从事该工作的人是否认为自己

①Engineering and Physical Sciences Research Council (EPSRC), 2010, *International Review of Mathematical Science*. EPSRC, Swindon, U. K., p. 10.

② Op. cit., p. 12.

是数学家。

从事数学交叉领域的人员众多：地球科学、社会科学、生物信息学等方面的统计学家，由于历史原因，他们成为专门的统计学分支学家，科学计算和计算科学与工程的研究人员，为密码学做出贡献的数论学家，为机器学习做出贡献的分析师和统计人员，运筹学研究人员，一些计算机科学家，一些依靠复杂的数学科学方法进行研究的物理学家、化学家、生态学家、生物学家和经济学家，促进数学建模和计算机模拟的工程师。

统计数据表明，最近几年，同时学习数学和其他领域（从生物学到工程）的研究生数量急剧增加。如果这种现象与委员会认为的一样，数学科学的研究生教育将促进科学与工程，以及交叉领域的发展。

建议 1 美国国家科学基金会应系统地收集数学与其他学科交叉的数据，例如，从数学科学部门收集其他领域的学生选修数学研究生课程的人数，收集数学科学领域的研究生选修数学领域以外课程的人数。

美国国家科学基金会（NSF）数理科学部（DMS）和其他资助部门的项目官员已意识到数学科学与其他学科之间有许多的交叉重叠。现在已有很多灵活资助的例子，数学家获得了其他学科领域的资助，其他领域的科学家也可以申请数理科学部的资助。数理科学部与其他资助部门可以开展不同程度的合作，包括通过正式的机制，设计共同资助计划，或非正式的机制，如项目官员将项目申请推荐到其他部门，各部门在评审时互相帮助等。为了使数学科学界能更全面地了解数学学科范围，帮助资助机构更具针对性地设计数学资助项目，委员会建议采取比以前更有条理的方法收集适量的数据。

建议 2 美国国家科学基金会应收集数据，分析任何具有数学科学特征的研究在其他机构获得资助的情况（在高于数学科学部的层面分析数据则更具价值）。应主管美国国家科学基金会数理科学部的副主任的要求，美国国家科学基金会内部正在开展一项深入理解统计学的研究。更广泛的研究将有助于数学科学界更好地了解数学的影响力，并可以帮助数理科学部定位其本身的资助计划，最优地补充支持整个数学科学事业的其他资助。它将提供一个确定数学科学事业随时间推移发生变化的基线。支持数学科学的其他机构和基金会也要像美国国家科学基金会一样收集和分析相关数据。随着数学科学的应用范围不断扩大，影响力不断增大，委员会关注目前用于支持数学应用范围扩展的联邦资金是否充足。委员会认为，虽然过去几十年用于数学科学的联邦资金增长一直很强劲（特别是美国国家科学基金会），但这一增长并不能与数学各分支领域的知识扩展相匹配。

无论是资助经费总量，还是资金来源的多样化，联邦资助经费都不能与过去15年中数学科学作用的急剧扩张相匹配。数学科学的主要经费来源，特别是核心研究领域，仍然严重依赖于美国国家科学基金会。

3. 影响数学科学发展的其他趋势

数学科学的影响力在不断增长，数学科学内部问题驱动的研究，使得数学内部各各分支领域间的相互联系越来越强劲，更多需要同时涉及两个或几个数学分支领域的研究。最近数学科学的一些重要进展都建立在过去很少有联系的数学分支领域的基础上，如一些重要进展建立在概率论与组合数学联系的基础上。这种变化促使研究人员必须掌握大量的知识。面对这些跨学科的机会，今天的数学教育不可能完全满足需求，由于在前沿研究领域需要更多其他方面的知识，因此在一些领域，年龄大的数学家可能会比年轻的数学家取得更大的突破。由于这些原因，对于更多的学生来说，在未来从事博士后研究工作非常有必要，特别对于数学专业的学生从事博士后研究工作很重要。

过去十多年中，数学科学的另一个显著变化是成立了许多专业数学机构，新成立的这些机构对数学学科本身的发展和数学界产生越来越大的影响。这些机构在帮助不同职业生涯阶段的数学家开辟新领域、开展新合作方面发挥了重要作用。一些机构建立了数学科学与其他领域之间的联系，一些机构在向行业和民众扩大服务范围方面扮演了重要的角色。这些机构在改变和扩大数学科学文化的综合影响力方面做出了巨大的贡献。

现在，数学家之间面对面的会议仍是一种重要的沟通方式。但是，一个重要趋势是，基于互联网的学术交流新模式的兴起，使得数学家与世界各地的研究人员开展合作更方便。新的合作模式和新的“出版”模式要求有效的质量控制和标准的专业评价方式。

在互联网不断发展，并由此带来新交流模式的同时，“2025 年数学科学委员会”还关注了数学研究成果如何长期保存的问题，关注此问题主要是为了方便数学研究成果的使用。例如，公共档案馆（如 arXiv）扮演着重要角色，但其长期的资金投入却没有保障，并且它们并没有获得原本应有的更普遍的应用。数学界作为一个整体，需要通过专业的组织制定相关战略，优化公共档案的应用性，美国国家自然科学基金会可以发挥其领导作用，推动和支持这一工作。

最后一个趋势是整个科学与工程领域普遍存在的计算问题，它开始于几十年前，在 20 世纪 90 年代得到强化。科学计算本身已经发展成为一个研究领域，但通常在学术机构没有以统一的方式对其进行研究，而是以小的研究群体分散在各种科学和工程部门。鉴于研究机构已经成为计算研究和教育的中心场所，数学科学部门应从中发挥作用。计算是数学科学应用于其他领域的手段，也带动了数学科学的许多新应用，大部分数学家对科学计算有一个基本的了解是很重要的。学术部门要考虑采用研讨会或其他方式，使数学家们可以快速地了解计算科学的发展前沿。由于计算的性质和范围在不断变化，需要有一个机制来确保数学研究人员有机会在适当的范围内获得计算的能力。美国国家科学基金会数理科学部应制订相应计划，确保数学研究人员获得最先进的计算能力。

4. 数学科学的人才队伍

数学科学研究机会不断增多，必须改变培养学生的方式并制定吸引更多青年人才加入数学队伍的计划。需要数学技能的职业岗位范围不断扩大，进一步刺激了对数学人才的旺盛需求。这些职位可以由其他专业的人才担任，但这些人都需要具有很强的数学科学技能。数学科学教育者有责任为广泛的科学、技术、工程和数学（STEM）职业培养来自其他学科背景的学生，这种机会的扩展对数学科学界具有深刻的影响。

数学科学界在广泛地培养学生方面具有至关重要的作用。有些人从童年时代就表现出数学方面的特殊天赋；而更多的人则在对数学知识产生需求时才对数学产生浓厚的兴趣，这些人需要通过非传统的途径获得数学知识，这些人是潜在的数学专业学生；还有一类学生是需要扎实数学功底的其他 STEM 学科的学生。这三类学生都需要数学家的专业指导，而且他们的需求各不相同。数学科学必须成功地吸引和服务于这些学生。

积极地参与数学界之外的 STEM 方面的讨论对于数学科学界是至关重要的。通过努力改进 STEM 教育，使数学科学不被边缘化，这将极大地强化数学与统计学教育工作者的责任。各大学数学系要精心设计数学科学的基础课程，以适应 21 世纪学生的迫切需求，通过与数学密集型学科之间的合作来设计这些课程。现在，基础数学课程中流行的讲课—家庭作业—考试的传统模式要进一步优化。大量研究表明，大学的数学系可以通过多元化的教学方法改善 STEM 教育。我们必须改革大学基础数学教育。数学界义不容辞的职责是，确保自己处于大学数学系基础数学教育改革的核心位置，而不是被边缘化。数学界要关注数学科学课程的设置。传统数学系课程的设置没有跟上数学在科学、工程、医学、金融、社会科学以及全社会中应用方式的快速变化。这种数学应用方式的多样化需要新课程、新专业、新计划，以及与大学内外其他学科之间新的教育合作。大学数学系要为数学系的学生，为攻读科学、医学、工程、商业和社会科学学位的学生，以及那些在工作中需要定量分析技能的人员，创建新的教育模式。那些即将或已经参加工作的人可能需要新文凭，如专业硕士学位证书。这种趋势为数学科学提供了新机会，大学数学系要设置新课程，满足这些人的需求。

大多数数学系本科生仍使用微积分作为通向硕士、博士更高级别课程的入门课，这对许多学生并不合适。虽然对此已经争论了很长时间，但是随着数学应用方式的变化，现今我们需要深刻地反思这个问题。准备从事生物信息学、生态学、医学、计算等领域工作的学生需要不同的学习途径。重新安排现有课程并不能满足新课程的设置要求，必须要重新设计课程和专业。尽管有很多有希望的初步的课程设计，但仍需要全数学界共同努力，使数学本科课程更具吸引力，能更好地满足使用数学课程的院系的需求。

很多研究生毕业后，将不从事传统的数学研究工作，而是期望从事解决非公式化问题的工作。他们把自己的数学天赋和能力用于解决现实世界中的实际问题。这表明，应根据研究生毕业后工作的实际需求，重新设计数学系研究生的课程。至少，数学系和统计学系应采取措施，确保他们的研究生对数学科学日益扩大的影响力具有全面和最新的认识。

建议 3 数学系与统计学系应与大学管理部门一起，深入研究不同类型的学生的需求，针对学生的不同需求，提供最合适的教育。在某些情况下，研究学生的不同需求应与其他相关学科的教师交流、讨论。

建议 4 数学教育工作者应当向中小学生和本科生说明，他们所教的数学科学主题的作用，以及有哪些职业会利用这些数学科学主题。这样做可能会吸引和留住更多学生学习数学课程。大学数学系老师们应该给研究生传授数学科学的作用，当这些研究生成为教师时会将这些信息传授给他们的学生。数学科学专业协会和资助机构应该发挥作用，制定资助计划，支持为教师开发以这种方式讲授课程的教学工具。

数学科学界与公众之间的交流、与更广泛科学界之间的交流做得不够好，如果他们之间有更好的交流，数学教育工作者将会给广泛的科学、技术、工程和数学（STEM）职业培养更多的学生。

建议 5 更多的数学家应该参与宣传数学科学的作用和数学对社会的重要贡献。学术部门应当采取措施奖励这样的工作。专业协会应更加努力地与资助机构合作创建组织结构，以宣传数学科学所取得的进展。

目前，数学人才市场是全球性的，美国可能会失去其在数学科学的全球领先地位。其他国家都在积极招聘在美国接受教育的数学家，尤其是那些在他们本国出生的数学家。几十年来，美国一直吸引着世界上最好的数学家，但现在人才外流却是一个现实的挑战。我们应继续制定培养美国本土数学科学人才的政策，为了对数学人才进行补充，还应该制定吸引和留住来自世界各地的数学家的计划：从研究生阶段开始，为那些具有数学科学背景的、在美国寻求永久居住权的外国人提供加急签证。

数学领域一直存在的另一个问题是女性和少数族裔人才不足。白人男性占人口的比例在逐步缩小，数学领域成功地吸引和留住白人男性之外的其他人才非常重要。在过去的一二十年中，数学领域吸引和留住人才的情况有所好转，但学习数学的女性和少数族裔所占的比例在逐步下降。为了有效遏制这一趋势，美国政府已经采取了大量应对措施，其中许多措施是有效的，但目前还没有立竿见影的解决方案，所以我们要持续关注数学领域女性和少数族裔人才不足这个问题。

建议 6 每个数学科学部门都应该明确，招聘和留住女性和少数族裔人才是教学管理人员的责任。应当提供必要的资源，使数学教研部门能采用、监测和适应已在其他学校成功实施的招聘和指导方案，发现并纠正可能存在的任何不利因素。

数学科学肩负着教育 STEM 领域学生的重大责任，数学人才队伍必须不断补充与完善。在中、小学阶段推广诸如“数学圈”（Math Circle）这样的机制，吸引在数学方面具有潜力的学生进入数学人才队伍。

建议 7 联邦政府应制定一个全国性的计划，为具有数学天赋的学生进入数学人才队伍提供机会。该计划将资助一些活动，帮助这些学生发挥所长以及提高追求数学职业发展的可能性。

5. 数学教育面临的问题

数学系，特别是那些大型州立大学的数学系，有给非数学专业人士提供数学课程的传统。这些数学课程，尤其是数学基础课程，支持各个层次的数学教育工作者的教学，尤其是支持初中教师和研究生教学助理的教学。现在大学为了降低成本，鼓励学生参加州立大学和社区学院的一些基础研究。大学主管部门聘请二线兼职讲师、降低工资，并开展一系列需要较少教师的在线课程的教学。这些趋势已经存在了10年或更长时间，当前的财政压力可能会迫使通过这些方式转变教学责任。

"2025年数学科学委员会"预计，随着大学业务模式不断变化，数学教育将面临更多困难。由于数学在教学中的重要作用，数学将受到这些变化的影响。数学专业的学生对数学基础课程的需求可能会减少，但其他专业的学生和在职人员对数学课程的需求可能会增加。数学家应该积极工作，通过资助机构、大学管理部门、专业协会，以及其部门内部，为这些变化做好准备。

一些数学教师尝试以低成本的方式提供数学教育，如基于网络课程，使一个数学教师可以教更多的学生。一些包含数学内容的大规模在线公开课程（MOOC）非常流行。数学科学网络教育正在发展中，可能会发现与大学演讲课程相媲美的有效方式。数学家对参与网络教育行动表现出强烈兴趣。

建议8 随着数学在线课程和其他创新教学方式的建立，数学系和统计学系应该重新思考和调整计划，以适应不断发展的教学环境，确保自己占有一席之地。专业协会在动员数学界参与评论文章、参与在线讨论和参加会议等方面正发挥着重要作用。

目　录

第1章 引言

1.1 研究概况

21 世纪的前几年，数学科学取得了令人瞩目的成就。在数学基础研究方面取得了重大突破。数学科学在物理学、生物科学、工程、医学、经济、金融和社会科学领域都发挥着越来越重要的作用，数学在这些领域的影响不断扩大。数学科学已成为许多新兴产业的重要组成部分，日益复杂的军事技术，使得数学科学成为国防的核心。数学科学的应用在不断扩展的一个显著特点是其所用到的各种类型的数学科学思想也在同步扩展。

我们要利用和巩固这些数学成果。太多的数学家仍不知道他们从事的研究领域的作用在不断扩大，这将阻碍数学科学界广泛培养学生和吸引更多学生。现在，整个数学科学界需要共同努力，重新考虑大学数学课程的设计，并改进非数学专业的研究人员与相关数学家取得联系的机制。目前数学专业的学生人数无法满足未来的需求。

大学的业务模式正在进入一个快速变化的时期，我们可以预见数学教育将面临一个更艰难的时期。由于数学在教学课程中的广泛作用，数学教育必然会受到大学业务模式变化的影响。

这些结论来自美国国家研究委员会的“2025 年数学科学委员会”。该研究由美国国家科学基金会（NSF）数理科学部（DMS）委托。数理科学部是支持美国数学科学研究和保持美国数学科学界健康发展的主要联邦机构。近年来，NSF 数理科学部提供的经费占美国联邦资助数学科学基础研究总经费的 45% 左右，大部分经费用于数学科学的核心领域。美国数学科学的其他主要联邦资助机构还包括美国国防部、美国能源部，以及美国国立卫生研究院。美国联邦资助的详情见附录 C。

数学科学界及其资助者应定期举行会议和研讨会，以探索新兴的研究领域，评估比较成熟领域的进展，但在 20 世纪 90 年代末的奥多姆（Odom）研究之后，数学科学就一直没有全面的战略研究。2008 年，在 NSF 数理科学部副主任 Tony Chan 的促使下，NSF 数学科学部主任 Peter March 与美国国家研究委员会的数学科学及其应用董事会（BMSA）合作，制定了数学科学新战略研究的目标。

对于《2025 年的数学科学》这本书的时间跨度，数理科学部和数学科学及其应用董事会选择到 2025 年。之所以到 2025 年，是因为有关专家认为，制定的数学科学战略目标，要放眼足够长的时间，以思考数学如何应对时代的各种可能变化。例如，数学如何应对目前还未出现、将来可能会出现的研究生教育的变化。

《2025 年的数学科学》全面总结了近年数学科学的研究现状和研究动态，分析了到 2025 年将会影响数学科学发展的因素，前瞻性地思考了数学科学的发展趋势。具体内容如下：

- 数学科学研究的生命力，主要考虑数学科学研究的统一性和连贯性，最近取得的突破性进展，前沿进展的速度和新趋势；
- 数学科学研究和数学教育对科学和工程、工业和科技、创新和经济竞争力、国家安全和国家利益等产生的影响。

《2025 年的数学科学》这项研究将对 NSF 数理科学部为提高数学科学的生命力和影响力如何调整其投资计划提出建议。

为了开展这项研究，美国国家研究委员会成立了“2025 年数学科学委员会”，委员会成员由数学科学领域的专家和强烈依赖数学和统计学的其他相关领域的专家组成。委员会成员的简介见附录 F。过去美国国家研究委员会做过的两项战略研究是 1984 年的《振兴美国数学——未来的关键资源》和 1990 年的《振兴美国数学—— 90 年代的计划》。《振兴美国数学—— 90 年代的计划》的委员会主席由前总统科学顾问戴维·爱德华担任，《振兴美国数学—— 未来的关键资源》的委员会主席是威廉·奥多姆（戴维博士是一名电气工程师，奥多姆将军为前苏联专家，他不是数学家）。选不是数学家的专家担任委员会主席的目的有两点，一是使战略研究报告的观点比较中立，二是可以有一个开阔的视野去了解数学科学是如何服务于更广泛的科学技术和研究人员，使他们做出更有成效的工作。委员会成员专业背景非常广泛，由于其中只有一半委员会成员属于数学或统计学部门，故使得本研究能够在更广泛的科学和工程领域去评估数学科学实际和潜在的影响。

为了保证此次战略研究成果能够经得起实践检验、同行检验和历史检验，委员会多次组织会议，征询附录 B 中列出的高层次战略科学家的意见和建议。在第一次会议上，重点是学习美国国家研究委员会其他学科的战略研究：学习他们如何开展战略研究，产生了什么类型的成果。在那次会议上，委员会还与两位经验丰富的大学管理者（其中一位是数学家）进行了讨论，探讨数学研究的环境变化和前景。委员会还参考了大量的相关报告和数学界的意见和建议。第二次会议着重与许多雇佣了具有数学技能人员的管理者进行讨论，探讨对数学技能的各种需求（尤其是针对新兴产业）及数学对现有需求的满足情况。前两次会议的重要内容被纳入第 3 章和第 6 章。

为了广泛征询数学界的意见和建议，委员会建立了一个网站，向数学部门负责人及其他学科领域的学术带头人群发了电子邮件，以获取意见和建议，人员名单来自数理科学部。它还将征集意见的公告刊登在 2011 年 5 月的美国数学学会（AMS）的《通告》和美国统计学学会（ASA）的《官方时事通讯》上。通过这种途径收到了八条意见和建议。委员会还向美国数学会、美国工业与应用数学学会（SIAM）、美国统计学学会和美国数学学会特别委员会的领导发送了详细而具体的意见征集请求。在芝加哥举行的第三次会议上，委员会与芝加哥周围八个数学科学部门的代表进行了专题讨论。讨论的重点是各部门和各行业所面临的机遇和挑战，以及数学如何在解决各部门、各行业的问题中发挥作用。在 2011 年 1 月在新奥尔良举办的联合数学会议的公开会议、2011 年 7 月在温哥华举办的工业与应用数学国际会议，以及 2011 年 8 月在迈阿密举办的联合统计会议上，委员会与数十名数学科学界的成员讨论了类似的问题。委员会 2011 年 3 月与美国数学学会科学政策委员会，2011 年 4 月与美国工业与应用数学学会科学政策委员会，以及 2011 年 10 月和 2012 年 4 月与数学联合政策委员会，也进行了有益的讨论。

委员会成员在 2011 年 3 月至 5 月还与数学领域的专家（见附录 B）举行了 11 次电话会议。这些专家提出的有代表性的意见反映在本书第 3 章和第 4 章。

这项战略研究与英国和加拿大的数学科学战略研究有交叉和重叠。“2025 年数学科学委员会”的其中一名成员曾担任英国评估委员会的主席，另有两名成员同时也是加拿大评估顾问委员会的成员。加拿大研究委员会的常务主任在他们的研究中提到了本委员会。通过这些联系和具体材料的审查，英国和加拿大的工作也使这项研究为大家所知。

作为这项研究的一部分，委员会还得到了阶段性成果《推动创新与发现：21 世纪的数学科学》。这份报告重点介绍了近年来数学研究的十几项重要进展，这样可以让公众了解数学研究进展，向公众宣传了数学学科令人振奋的研究成果。该报告讲述了数学科学研究如何促成了谷歌的搜索算法、医疗成像的进步、理论物理学的进展、国防技术上的贡献、基因组分析方法，以及对所有人都非常重要的许多其他能力。然而，该报告只涉及皮毛，因为当今数学已涉及方方面面。

1.2 数学科学的本质

本书从既广泛又统一的视角来讨论数学科学。数学通常包括核心数学与应用数学、统计学、运筹学和理论计算机科学。在研究过程中，研究人员越来越认识到，数学的研究范围在不断扩展，随着数学内部各分支领域之间的思想的频繁交流，数学科学内部的界限在逐渐消失。此外，数学科学与其他学科之间的界限也逐渐变得模糊。自然科学、社会科学、生命科学、计算机科学和工程领域的许多研究人员同时精通自己的领域和数学科学。越来越多的研究领域从深层次上看都属于数学，这类领域的人员数量也在不断增加。数学科学的研究范围在不断扩展是本书的主要结论，将在第 4 章中讨论。在过去 20 年中，数学学科获得了重大发展，现代数学科学的内涵远远超出了学术部门、资助部门、专业学会和专业期刊等这些核心数学领域的组织机构所定义的范围。

数学支撑了广泛的科学、工程和技术领域，包括许多日常产品所采用的技术。这类应用推动了许多数学家的工作，他们将工作定位于研究那些可用于科学、工程和技术的数学和统计学知识。例如，第 2 章中特别提到的压缩传感研究，远远超出了其原本设想的常规应用，而是趋于非常具有创新性和深层次的应用。但很大一部分数学科学研究并不是出于外部应用的动机，数学科学文化的核心是：数学以解决自身发展中的问题为目的，发现数学研究的重要性和追求数学内部统一性才是数学研究的动力。但经常用来形容数学研究动机的词（如“美”），并不能体现数学研究的力量和价值。无论是外部驱动还是内部驱动，数学科学研究旨在了解更深层次的联系和模式，了解世界是如何联系在一起的，找到其潜在的秩序和结构，从而产生了具有深层次联系的抽象概念。当研究人员探索未知问题时，可能会意外地发现一些内在的联系方式。人们想要了解“为什么”的心情是非常迫切的，长久以来由于这种好奇心的驱动而产生了重要的新进展。当研究人员成功地证明，那些粗略的认识是由精确公式表达的联系所支撑时，那种用数学公式来表达的方式的确很美，研究人员被这种新见解的“正确性”或“必然性”所震惊。这个驱动概念的同义词可能是“简化”，“回归自然”，“高效”和“全面化”，数学家都重视深刻的、普适的结果，能够立即解释很多事情的能力，揭露之前不为人知的内在联系。

即使数学研究是由内部驱动的，数学应用在其他不同学科的现象仍非常普遍，并且其他学科已经利用了那些数学家由于不相关的原因获得的数学方法。例如，委员会引用了 20 世纪 70 年代初数学家詹姆斯·西蒙斯（Jim Simons）和理论物理学家杨振宁（Frank Yang）之间的交流，西蒙斯的数学背景为其后来进入金融业并获得非常成功的职业生涯转变奠定了基础，而当时杨振宁正试图解释他发展的一个理论，这个理论能帮助他理解物理学中的基本粒子。西蒙斯对杨振宁说：“停下来，不要这么做。”杨振宁吃了一惊，问道：“为什么要停下来？”西蒙斯说：“因为 30 多年前数学家已经做过了。”杨振宁又问道：“目的是什么？他们为什么要这样做呢？”答案当然是出于数学内部动机的驱动，同时出于数学家审美的考虑，仅是为了数学理论研究。这不是一个孤立实例，而是数学科学中众多例子中的一个。素数及其分解的最初研究是出于美学原因，现在成了互联网电子商务的理论基础。黎曼的几何和曲率的概念，后来成为爱因斯坦广义相对论的基础。1843 年由威廉·哈密顿（Wiliam Hamilton）雕刻在都柏林桥上的四元数乘法表，现在可用于视频游戏和跟踪卫星。Hilbert 空间的算子为量子力学提供了的自然框架。特征向量是谷歌著名的 PageRank 算法及向服务用户推荐产品的软件（如 Netflix）的基础。积分几何成就了核磁共振成像（MRI）和正电子发射计算机断层扫描（PET）的实现。由于篇幅所限，这里只举其中的几个例子。包括理论物理学和几何学之间的相互影响的其他例子将在第 2 章叙述。

数学科学的强大核心包括基本概念、结果，以及持续进行的、能够以不同方式被应用的探索，这是联系所有数学家的共同基础，对整个数学科学事业也是必不可少的。通过这个核心，不同专业背景的研究人员可以找到共同语言，并将他们的工作联系到共同的基点。正因为如此，在从最基础理论延伸到最实际应用的整个数学科学事业中，存在着连贯性和相互依赖性。

芝加哥大学校长、数学家 Robert Zimmer 将数学科学比作布：如果数学科学是健康的，它坚固且相互联系在一起，那么它就可以以很多方式进行裁剪和梭织；如果它在某处断开了，那么它的用途将会有一定的局限性。他还说，由于这种相互联系性，数学科学研究的最终应用就具有某种程度的必然性。由数学科学产生重要应用是必然的，而不是偶然的。现实一次次地证明，由内部动力驱动的数学研究，已成为应用工作的基础，并促进了新技术和新兴领域的发展。通常，由于我们对应用的重要现象无法做出数学化的表达而出现问题，反过头来又促使数学家钻研根本问题，并创造出对核心数学和未来应用相对应的价值体系。

布的比喻准确地抓住了数学各分支学科之间的互联互通性，所有纵横交错的线交织在一起，相互支撑，共同构成一个远远强于单个部分的完整整体。数学科学是一个复杂的生态系统，思想和技术的位置关系来回变换——核心数学研究的创新成果辐射到应用领域；反过来，在应用中出现的挑战提出新的数学问题和概念。人才也同样来回流动，那些选择应用领域作为职业生涯的人才，很大程度上得到了核心数学家的培养，看到数学的用途和力量，又吸引了一些人才从事核心数学研究。谁也不知道会从数学科学的哪个环节产生未来的应用，也不知道可能的应用所需的是现有知识、现有知识的拓展，还是全新的知识。为了保持美国在数学科学领域的领先地位，整个数学生态系统必须保持健康。

1.3 每个人都应关注数学科学

在日常生活中，数学术语越来越多地出现在各种场合。政治家所用的“做数学”的意思是分析做一些事情的收益或亏损，如“指数”“算法”和“在公式中”等语言频频出现在商业和金融领域。对这一现象的正面解读是，越来越多的人推崇数学科学，但大多数人并不了解数学科学的丰富内涵。

数学不只是研究数字，数学还处理几何图形、逻辑模式、网络、随机性和不完整数据预测等。数学科学几乎渗透到日常生活的各个方面。

例如，美国的一个普通男人（鲍勃）和一个普通女人（爱丽丝）。无论他们知道与否，他们的生活都强烈地依赖于数学科学，他们被包裹在数学科学各分支领域编织的复杂网络中。这里来举一些实例，说明一些极不相同的应用都取决于已经发展了几百年的数学理论，取决于对悠久数学理论发展的巧妙应用，还取决于一些新的突破。这些数学理论的某些前沿是由应用所驱动的，某些前沿则由似乎完全无关的应用所驱动，许多情况下，是为了探索科学和思想的基本结构这一单纯的愿望。

• 鲍勃被播放着新闻的无线电时钟唤醒。他没有考虑收音机如何接收信号，消除噪声，并产生令人愉快的声音。其实所有这些任务都涉及数学和统计方法的信号处理。

• 爱丽丝看着高清液晶电视播放的新闻开始她新的一天。她认为理所当然的高质量图像，也要依赖于数学的许多复杂步骤：压缩数字信号、数模转换和模数转换、图像分析和放大，以及液晶显示器的性能优化。

• 鲍勃和爱丽丝喜欢看电影，如《玩具总动员》、《阿凡达》和《终结者3》。越来越多的电影人物和动作场面都是基于移动、表情和动作的数学模型的计算结果。要得到洛杉矶市中心崩塌的真实效果，需要对爆炸及其后果进行复杂的数学表征，再通过高性能的计算，数学化地理解流体、固体和热的基本方程，这才最终得以显示出效果。

• 如果鲍勃要做日常计划（或未来几天的计划），则要考虑天气预报，那么他正依靠高度非线性、高维（即有数千万个未知数）方程的数值解，依靠集成了最新收集到的关于大气和海洋条件信息的过去观测数据的统计分析。

• 要上网，鲍勃就要使用搜索引擎，而搜索引擎采用了复杂的数学算法进行快速搜索。最早的网络搜索技术将网络的互连作为一个矩阵（二维数据阵列）处理，但现代搜索方法要复杂得多，使网络免受黑客和外人的操纵。高效的网络搜索比以往任何时候都更加依赖于复杂的数学科学。

• 爱丽丝受到试图欺骗她，或向她销售她不想要的东西的垃圾电子邮件的困扰。解决这个问题的常见方法是垃圾邮件过滤器，它利用信息和概率理论尽可能检测垃圾邮件或欺诈性电子邮件。一个主要的基础工具是机器学习，其中“合法”电子邮件（由人评估）的特征用于调试算法，从而将收到的电子邮件分类为合法邮件或垃圾邮件。

• 爱丽丝下个月要在中国上海参加一个会议，无论是航班时间表，还是票价，都要由航空公司通过优化确定。

• 鲍勃离不开他的手机，不管其好坏这都是现代生活的一个特征。手机是无线信号的编码、传输和处理的数学和统计信息理论的新发展，以及由一些非常巧妙的算法所推动的发送呼叫所构成。

• 爱丽丝的办公楼需要能量去驱动电灯、固定电话、局域网、自来水、加热和冷却。根据预期的能源消耗信息通过数学优化和统计技术来计划高效的能量输送，并估计安全因素，以防止异常事件，如停电。为了节约能源消耗，爱丽丝所在的电力公司正在投资新的数学和统计方法，规划、监测和控制未来的能源系统。

• 鲍勃和爱丽丝进行医疗或牙科检查时，他们受益于复杂的数学科学应用。大家都知道 X 射线、CT 扫描和核磁共振成像，但很少有人意识到，现代医疗和牙科影像分析和解释都依赖于复杂的数学概念，如发展于 19 世纪的拉东和傅里叶变换理论。这个例子说明了至关重要的现象，数学科学的抽象性质，具有很长时间的保质期，在这个意义上，数学科学的发现不会过时。可能在研究成果发表后的几十年（或更长时间）才会有相关数学应用的新的见解。

• 爱丽丝的医生给她开了一种新药，她依赖于制药公司和政府关于新药物和化学治疗方法的有效性和安全性的认定，而这些认定又取决于不断发展的统计和数学方法。公司利用数学模型预测新药物分子与人体或人体入侵者如何相互作用，利用组合和统计方法研究各种可能的排列组合。

• 当爱丽丝和鲍勃在网上订购产品时，用于库存管理和控制、交货计划和定价的过程也涉及数学科学的内容，如随机矩阵、调度和优化算法、决策理论、统计回归分析和机器学习。

• 如果爱丽丝和鲍勃贷款买房子、汽车，受教育，还信用卡，或用存款投资股票、债券、房地产、互助基金，或支付他们的养老金，数学科学在金融市场和相关微观和宏观经济学中都发挥作用。在当天市场全球化下，数学方法、统计预测和基于数据的计算机模拟，用于成功规划日常生活和退休计划都非常重要。今天，几乎所有的个人电脑和通信设备中的许多工具可以直接用于个人定制化的应用。

• 爱丽丝进入机场或公交车站，监控摄像头可能记录她及该区域每个人的动作。处理和评估来自多源闭路记录中图像的艰巨任务由数学工具完成，它自动分析运动模式，确定哪些人有可能携带隐藏武器或爆炸物。同样的技术也应用在商店和购物中心，判断哪些人可能是商店扒手或小偷。

• 鲍勃在回家的路上进入超市，他也离不开数学科学，零售商利用数学将商品放在最吸人的地方，根据他过去的购物历史给他选择折扣券，利用数学给商品定价使总销售收入达到最大化。

专栏 1-1 用“数学科学中大多数人不知道的四大事实”对本章进行了总结，说明当今数学科学的一些特性。

专栏 1-1　数学科学中大多数人不知道的四大事实

数学家具有不同的职业生涯和工作风格。有些人花费较多时间进行计算，但他们不会把所有时间都花费在计算上，大多数人也不会把自己孤立起来，只研究抽象理论。大多数人会从事某种形式的合作。大多数数学家是大学教授，也有许多数学家从事医药和制造等行业，部分数学家参与政府和国防实验室的工作，部分数学家任职于基于计算和互联网的企业，并涉足华尔街。有些数学家证明定理，有些数学家从事定量建模和解决实际问题。数学家对科学、工程和医学等各个领域做出了贡献。

数学科学总是在不断创新。数学科学的发展不是一次学习，然后进行简单应用的模式。数学定理一经证明，就可在几个世纪发挥作用，新的数学定理不断被发现，将现有数学知识用于解决新的现实问题是一个永无止境的过程。

美国非常擅长数学科学。尽管美国担忧预科学生的整体技能，但是美国有一个令人钦佩的记录，美国将全世界最好的数学和统计学人才吸引到美国的大学学习，毕业后很多人留在美国工作。对数学科学研究能力的评估发现，美国在数学科学的各个领域达到或接近最优。

数学家在其职业生涯中不断改变研究方向。由于数学处理的是方法和一般原理，数学家不会在整个职业生涯专注于一个领域，不同时期会从事不同的领域。例如，一个统计学家在其职业生涯中可能研究医疗课题、气候模型和金融工程。一个数学家也可能会发现，几何研究得到的见解对于材料科学问题或者脑成像研究难题也有帮助。数学家从事的新类型工作在不断涌现。

1.4 本书结构

第2章讨论数学科学的最新成果和数学科学的总体状况。虽然目前数学发展的形势非常好，但数学发展的压力和挑战同时存在。第3章总结数学科学的现状。第4章通过征询各方面专家的意见和建议，结合委员会成员各自的经验，确定影响数学科学的发展趋势。此外，还确定了数学发展中新出现的压力和挑战。第5章讨论从事数学科学事业的人才队伍建设。第6章讨论由学术环境变化所带来的结果。

第 2 章

数学科学的生命力

美国数学科学的生命力非常强大。数学科学在基础理论和高影响力的应用方面都取得了重大进展，我们已经看到近几十年来数学科学发生的巨大变革及其产生的结果。随着越来越多的数学各分支相互交叉与融汇，数学科学显示出很强的统一性和一致性。从科学发展史来看，数学科学与许多应用领域之间的相互作用带来了意想不到的成果，本章将列举几个交叉融汇的突出例子，以说明未来交叉与融汇是非常有发展前景的。美国国家自然科学基金会的数学科学研究所[①]的项目，为数学各分支学科交叉与融汇搭建了桥梁，大规模的研究生和博士后进入这些数学科学研究所从事数学研究，这种趋势还将继续。学术交流的新工具，如博客和开放获取知识库，有助于前沿研究的开展。正如本章和《促进创新和发现：21 世纪的数学科学》报告中所述，数学科学的活力正在为不同的科学与工程领域、产业和技术、创新和经济竞争力，以及国家安全做出重要贡献。

本章重点阐述一些最新进展，以表明数学科学的健康发展和生命力。数学科学的新思想和新应用不断涌现，增长速度非常之快，远远超过了委员会中专家的专业知识范围。本报告并不全面展开来讨论，而只是列举一些典型的研究进展的例子，借以说明目前数学的发展现状。本章内容主要面向数学科学界，因此假定阅读人员已具备数学和统计学的基础知识。涵盖的内容包括：从使用数学分支领域的技术来解决百年难题，到解决另一个领域的重大问题，再到开创全新的研究领域。主题依次是

- 三维空间拓扑；
- 不确定性量化；

---

① http://www.mathinstitutes.org.

- 数学科学与社会网络；
- 蛋白质折叠问题和计算生物学；
- 基本引理；
- 算术级数中的素数；
- 分层建模；
- 算法与复杂性；
- 反问题：可见与不可见；
- 几何学和理论物理学的相互作用；
- 统计推断的新前沿；
- 经济与商业：机构设计；
- 数学科学和医学；
- 压缩传感。

2.1　三维空间拓扑

三维拓扑空间的名称背后隐含的是一个重要的成果。空间概念是数学科学、物理科学和工程学的核心。理论数学的所有分支学科专门研究空间，不同的分支领域侧重研究空间的不同方面，研究具有不同特征、不同结构的空间。例如，在拓扑学中研究空间，人们不需假定一致性或连续性概念之外的任何结构。相反，几何学中研究空间，人们首先要区分研究空间，产生切线向量等概念，其次，人们给出了切线向量长度和角度的概念。19世纪 60 年代，黎曼首次在他的论文《几何学中的假设》中引入这些概念，产生的结构称为黎曼度量。直观地，人们可以想象拓扑学空间由橡胶或乳脂糖之类的物质构成，而几何学空间由钢构成。虽然我们不能直接用可视化表示高维空间，但高维空间是数学研究对象，与我们可以直接看到的低维空间一样存在，并且已经证明高维空间的扩展非常有用。拓扑空间和几何空间是数学科学的核心对象，它们在物理科学、计算和工程中无处不在，它们是这些领域中问题和结果精确表达的基础。

早在 100 多年前，庞加莱就开始了高维空间的抽象和理论研究，并提出了三维球面（四维空间中与原点有单位距离的点的全体——四维空间中的球面，其表面是三维的）问题，推动了之后长达一个世纪的三维空间拓扑研究。三维球体位于普通的四维坐标空间中，作为单位长度向量的集合：即空间为

$$\left\{(x,y,z,w)\mid x^2+y^2+z^2+w^2=1\right\}.$$

它具有的性质是，球体上的任何闭合路径（开始并结束于同一点）可以通过在球体上连续变形，且始终位于球面上，收缩为一个点路径，即没有运动发生的路径。庞加莱的问题是，这是否是有限扩展到拓扑等价的唯一的三维空间。在随后的 100 年里，这个问题及其泛化促进了三维空间和高维空间的巨大理论进步，但庞加莱最原始的问题仍然没有得到解决。这个问题非常难，解决该问题而引发的研究工作非常重要。2000 年，克雷数学研究所将庞加莱猜想列为数学七个千禧大奖的难题之一，这些问题认为是数学理论中最难和最重要的问题。

庞加莱猜想是一个纯粹的拓扑学问题。路径的条件乍看来是一个拓扑条件（要弄清楚它的含义，我们只需要连续性的概念），并且得出的结论也是明确的拓扑条件。在近 100 年的时间里，纯粹拓扑学对其进行了研究。2002 年，格里戈里·佩雷尔曼成功地证明了庞加莱猜想。解决了一个几十年来人们一直关注的重要问题，是一件令人兴奋的事情。更令人惊喜的是，佩雷尔曼在对这个问题的研究中，借鉴了理论数学其他分支的研究成果，充分展示了数学内部的统一性。佩雷尔曼借助了分析的和理查德-哈密顿抛物型方程组的深刻思想。简单地说，哈密顿引入并研究了黎曼度量的演化方程，类似于热传导方程。佩雷尔曼证明，在庞加莱猜想的拓扑假设下，哈密顿的流形汇聚到三维球面的通常度量，因此基础拓扑空间的确是拓扑等价于三维球。佩雷尔曼的成果应用到每一个三维空间的黎曼度量，并描述了简单几何片的任何这种空间，而这正是威廉·瑟斯顿 20 多年前的几何化猜想。具有讽刺意味的是，瑟斯顿几何化猜想的思想来源于庞加莱工作的其他更具几何性的部分，即 Fuchs 和 Klein 群。

佩雷尔曼的成功证明给这个具有 100 多年历史的著名数学问题画上了句号，同时也为空间的理论研究带来了新活力和新生长点。这是一项很新的数学突破，准确评估其在数学、物理科学和工程学的影响为时尚早。不过，我们可以有根据地进行推测。虽然空间拓扑是最抽象、最理论的数学，却具有实际意义，因为空间概念在科学和工程中无处不在。佩雷尔曼从他研究的演化方程中理解了奇异点如何随时间推移而发展。这个特殊方程是一般方程组的一部分，其中热传导方程组是最简单的一类。在数学中，许多几何问题都属于这一类，科学和工程中许多不同类型系统的演化方程组也属于这一类。由于接近奇异点的解的行为非常重要，理解这些方程组的奇异点如何随时间推移将对数学、科学和工程产生巨大影响。人们已经看到，佩雷尔曼引入的技术加强了对其他几何领域内容的理解，如复杂几何学。如果这些想法和技术应用到其他更多的方程组，可能会取得更多更好的进展。

2.2 不确定性量化

当今在科学、工程和社会的许多领域，要利用数学模型表示复杂的过程。例如，在飞机和汽车设计过程中，制造商们经常利用飞机、汽车产品（或产品部件）的数学模型替代物理原型，基于数学模型进行计算机模拟，从而减少设计成本。例如，一辆在碰撞测试中损坏的原型汽车，要花费 30 万美元，一个测试程序通常需要许多辆这样的原型车，而汽车的计算机模型可以在许多不同条件下进行虚拟破坏，模型开发只占碰撞测试成本的一小部分。

数学建模和计算机科学是这类过程数值模拟的发展基础，在过去的 20 年间取得了惊人的进步，并将持续得到改进。然而，除非数学模型能够准确表达模拟的真实过程，否则这种数值模拟的作用是有限的。

确保数值模拟能准确表示真实过程还要解决许多问题。首先，数学模型的许多因素（如速率系数）是未知的。其次，数值模拟输入的初始条件往往是不完美的，例如，天气和气候预测必须以当前状态的数据为依据，而对当前状态并不完全知道。另外，数学建模往往基于不完整的科学知识，无法完全代表所有相关的物理或生物现象，并且在计算过程中要进行近似处理，例如，气象预报模型的网格边界超过 100 公里，不能直接代表精细尺度的行为，连续方程还利用离散近似进行模拟。

为了解决这些问题，出现了称之为“不确定性量化”的新领域。它可以实现通过计算模拟解决真正复杂过程的精确建模和预测的梦想。要实现不确定性的量化，需要利用概率、测度论、泛函分析、微分方程、图形和网络理论、逼近论、遍历理论、随机过程、时间序列、经典推理、贝叶斯分析、重要性抽样、非参数技术、稀有和极端事件分析、多元分析等各种数学和统计学研究。

不确定性量化研究本质上是跨学科研究，学科领域专业知识是数学建模的基础，对于数据本质的学科化专业理解也是实施不确定性量化的关键。因此，有效的不确定性量化研究需要学科领域专家、数学家和统计学家组成的跨学科团队。

需要不确定性量化研究的呼声越来越高，向资助机构提交的许多科学与工程咨询报告都要求资助不确定性量化研究。目前已经取得了很大的进展，提升不确定性量化研究能力的关键是可靠地使用计算机模拟。数学和统计学界已经注意到了研究不确定性量化的需求。美国工业与应用数学学会和美国统计学会已经建立了不确定性量化的研究团队，还联合创办了《不确定性量化》杂志。

2.3　数学科学与社会网络

在许多场合，在线社交网络的出现正在改变人们的行为，它允许较大群体进行分散互动，并且不受地理位置的限制。最近几年，社会网络的结构和复杂性迅速增长。同时，在线社交网络以前所未有的规模和分辨率收集社会数据，使在过去只能通过深入挖掘才能实现的社会网络得以呈现。

今天，数以百万计的人们把自己的个人社会网络数字信息以短信的形式放在手机、Facebook 或 Twitter 上。

网络数学分析是将数学科学应用到工程的成功案例之一。过去，美国电话电报公司是基于图论、概率统计、离散数学和优化来设计和运行其网络的。由于互联网和社会网络的兴起，网络分析的基本假设已发生了巨大变化。社会网络日益丰富的数据量以及日益增加的复杂性，正在改变社会网络的研究面貌。这些变化对数学和统计学建模既是机遇也是挑战。

数学应用的新机遇的一个例子是大量关于随机图模型方面的工作。随机图模型可以捕捉到大型网络数据中观察到的一些定性性质。随机图数学模型有助于人们理解社会网络的许多属性。其中一个属性是网络的度，在某些情况下揭示了小世界原理，其中距离非常遥远的人通过较短的路径连接在一起。这些短路径非常容易找到，促使了分散搜索算法的成功。

建立传播和网络过程的数学模型也是一个重要方向。在信息、思想和影响力的传播中，社会网络发挥着重要作用。当积极的行为改变从一个人传播给另一人时，这种行为的传播是有益的，但它也可以产生消极结果，如金融市场的连续暴跌。这样的概念开辟了流行病学模型的研究，流行病学模型比“分块”模型更切合实际，因为“分块”模型未考虑人际交往的结构。影响和理解这些传播现象的复杂程度，会随着社会网络的规模和复杂性的增加而提高。数学模型具有很大的潜力可以提高我们对这些现象的认识。

2.4　蛋白质折叠问题

了解蛋白质的形状是理解其生物学功能的重要步骤。诺贝尔奖获得者、生物学家克里斯蒂安·安芬森（Christian Anfinsen）证明，未折叠的蛋白质可以自发重新折叠到原来的生物活性构象。这一论断产生了著名的蛋白质折叠猜想，即蛋白质氨基酸的一维序列唯一决定了蛋白质的三维结构，定量科学家们花了近 40 年的时间，努力寻找解决“蛋白质折叠问题”的计算策略和算法，根据其主要序列信息预测蛋白质的三维结构。从而产生了一系列问题，如氨基酸序列的原子间力如何产生蛋白质天然结构，以及蛋白质为什么可以折叠得这么快等。对于一类特定的蛋白质而言，蛋白质折叠猜想已被证明是错误的，例如，有时被称为“分子伴侣”的酶，它们在蛋白质折叠中起必要的辅助作用。科学家已经观察到，超过 70%的蛋白质在本质上仍然可以自发折叠，成为其独特的三维立体形状。

2005 年，蛋白质折叠问题被《科学》杂志列为 125 个尚未解决的重大科学难题之一。解决蛋白质折叠问题的影响将是巨大的，将直接、深刻地影响我们对生命的理解：这些携带了几乎每一项活细胞功能的基本单元，如何在基本的物理层面发挥自己的作用。所有有关蛋白质运动——折叠、构象变化和演化的分子机制都可以被揭示，并可以对整个细胞进行实际的建模。这种进步将对新型蛋白质设计和合理的药物设计产生重大影响，可能会彻底革新整个制药行业。例如，不需要太多的实验就可以在电脑上准确地设计药物。改善特定蛋白质功能的遗传工程可能成为现实。

从概念上讲，蛋白质折叠问题很简单：给定蛋白质中所有原子（通常成千上万个）的位置，我们就可以计算结构的势能，然后找到能量最小的结构。然而，这样的目标在技术上难以实现，原因是能量依赖于结构的方式极其复杂。一个更具吸引力的策略是“分子动力学”，它具有清晰的物理学基础：运用牛顿运动定律，列出一组称为哈密顿方程组的微分方程组，描述任一时刻蛋白质结构中所有原子的位置和速度。然后，我们求解蛋白质结构运动方程组的数值解。蛋白质结构运动方程组不仅能预测一种蛋白质的低能量结构，而且还能提供蛋白质的运动信息和动力学信息。为了获得这些方程组的数值解，我们通常将时间离散化，利用差分方程对微分方程组进行近似。然后，采用分子动力学算法，如蛙跳算法，对运动方程进行积分。由于系统既大又复杂，离散时间的步长必须足够小，以避免灾难性的错误，也就是说仅几分之一秒的模拟成本都非常高。

另一种策略是基于统计力学的基本原理，此策略指出：观察一个特定结构状态的概率与其玻耳兹曼分布成正比，形式为 $P(s)\propto \mathrm{e}^{-E(s)/kT}$，其中 $E(S)$

是结构状态 S 的势能。我们可以用蒙特卡罗法模拟这一分布的结构状态 S。由于构形空间的维度高，非常复杂，能量分布也复杂，利用玻尔兹曼分布进行模拟非常具有挑战性。需要使模拟更有效的新的蒙特卡罗法，这些新方法也可以对其他计算领域产生更广泛的影响。

分子动力学方法和蒙特卡罗法都依赖于好的能量函数 $E(S)$。虽然人们已经通过努力取得了许多深刻的见解，但精确地模拟原子间的相互作用，尤其是在现实环境（例如，浸没在水中或附着于膜上）中以更实际的方式进行模拟，仍然是一个巨大的挑战。所有的方法都仍未达到要求的精度。虽然拥有大量已知的蛋白质结构，但应用一定的统计学习策略，结合经验数据和物理学原理的信息，能量函数仍有很大的改进空间。

最近几年，利用快速增长的蛋白质结构数据库，计算预测蛋白质结构已经取得了很大成功。众所周知的成功策略被称为“同源性建模”，或基于模板的建模，它可以为具有同源“相对”（即序列相似性> 30%）的蛋白质提供很好的近似折叠，其结构已经得到了解析。另一个有吸引力的策略是，成功地将蛋白质结构的经验知识和模拟蛋白质折叠的蒙特卡罗策略结合起来，其思想是：在数据库中，对那些由观察到的结构折叠支撑的结构进行修正。到目前为止，这些以生物信息学为基础的学习方法能够准确预测小球状蛋白质的折叠，以及与已知结构的蛋白质同源的蛋白质折叠。

未来的挑战包括从中型到大型蛋白质、多结构域蛋白质和跨膜蛋白质的结构预测。对于多结构域蛋白质，已经发展了许多的统计学习策略，在大量基因组和蛋白质组数据的基础上预测哪些域更易于相互作用。结构建模方面则需要更大的发展。还存在更多重要的技术挑战，例如，如何严格评价新的能量函数或取样方法；如何更客观地将蛋白质结构表征为一个整体结构，而不是单一的表示；如何评价熵的作用；如何进一步推动蛋白质设计的前沿。在当前形式下，解决蛋白质折叠问题的潜在影响被一个更宏大、更具挑战性的问题所掩盖，即如何用符合量子力学观点去描述蛋白质折叠和结构预测，它的功能和作用机理是什么。考虑到它们基本符合量子电动力学规律，蛋白质的动态性能会表现出意外的、有悖常理的行为，与我们曾经见过或者根据经典物理学预测的行为不同。由于计算能力的限制，这是目前主流的观点。例如，当一个蛋白质发生折叠时，它是利用“量子隧道效应”来突破（假想的）导致分子动力学程序发生问题的经典的能量壁垒吗？这是一个被生物学家搁置的很棘手的数学和算法问题。克服这些限制可能需要一些非常新颖的、突破性的数学概念。数学生物学家的一个重要挑战是，除了已经确定的极少数蛋白质特性外，需要发现更多的非经典和违反直觉的蛋白质特性。目前，统计方法提供了解决这些问题的间接方式，类似于经典遗传学家使用的统计方法，弥补它们在分子生物学和细胞学方法中的不足。同样地，适用于生物进化的统计方法，会加强现有的实验和理论方法，认识蛋白质折叠，预测蛋白质的结构、功能和机制。

2.5　朗兰兹纲领的基本引理

基本引理是看起来不起眼的组合恒等式，由罗伯特·朗兰兹在 1979 年提出，是朗兰兹纲领的一个组成部分。朗兰兹纲领由基础数学中一系列影响深远的猜想构成，通过系统解决，能够解决数论的最根本问题。朗兰兹纲领提出了数论中的绝对伽罗瓦群与分析中的自守形式之间的一个关系网。

基本引理是关于对称性的命题，由称为代数群的对象所定义。其中一个群是一个 n 维向量空间的线性变换群。引理搜索范围的有些思想，以及建立在其基础上的朗兰兹纲领，可以从费马大定理证明的事实中得到，费马大定理花费了长达 300 年的时间才得到解决，仅当 $n=2$ 时才成立。朗兰兹最初认为，基本引理是一个简单的步骤，虽然其命题需要太多的专业知识和符号完成，他将其安排给他的学生 Robert Kottwitz，作为其毕业论文的选题。Kottwitz 和其他许多人的工作，证明了某些特殊情况，但多年来一般情形仍未得到证明。没有证明基本引理成为开展朗兰兹纲领证明的巨大障碍。

30 多年来，基本引理刺激了表示论、数论、代数几何和代数拓扑的研究，2009 年，吴宝珠证明了朗兰兹纲领自守形式中的基本引理。吴宝珠因此项成果获得了 2010 年的菲尔兹奖（该项成果于 2009 年被美国《时代》周刊列为十大科学发现之一，成果本身对于大多数《时代》周刊的读者来说无法理解，但这项成果意义重大）。

基本引理的任何实际证明过程都需要很大篇幅才能理解，在这里阐述基本引理的证明过程不太可能。朗兰兹纲领的基本引理被证明了，整个纲领还没有被证明，朗兰兹纲领的整个纲领的证明还在继续着，它的证明过程同时为未来的研究提供了新的见解。朗兰兹纲领基本引理的证明是数学科学富有生命力的有力证据。

吴宝珠在越南长大，在法国学习，却在美国完成了他最伟大的工作，现在他是芝加哥大学的教授。这个例子表明，美国富有吸引力的强大数学文化，吸引了世界上最伟大的一些科学家定居美国。

2.6　等差数列中的素数

素数是指只能被自身和 1 整除的整数，自欧几里得或更早以来，素数在数论中有着很重要的地位，素数是所有数字的基本组成部分；同时，素数显示出规律性和随机性，这对于好奇的数学家来说一直具有无法抗拒的吸引力；最近素数在计算机科学中有着惊人的应用，特别是在密码学中的应用。

欧几里得的工作中有一项证明，它证明存在无穷多个素数。一个很古老的难题是：是否有无穷多个差值仅为 2 的素数对，如 5 和 7，11 和 13。尽管问题表述并不困难，但它仍然没有得到解决。另一个古老问题由拉格朗日和 Waring 在 1770 年提出，是关于等差数列中的素数。该问题的一种形式很容易表述：是否存在素数 p 和某个数 q，组成 100 万个元素的等差数列

$$p,\ p+q,\ p+2q,\cdots,p+999,\ 999q$$

并使每个元素都是素数？当然，人们可以用任何数 N 代替 100 万，提出同

样的问题。

这个问题的进展甚微，直到本・格林和陶哲轩的证明：对于任意 N，的确都存在上述 N 个素数组成的等差数列。

我们通过这个例子说明数学科学的生命力，该研究成果建立了素数与两个无关的数学领域——谐波分析和遍历理论之间令人惊讶的联系。从这个意义上说，格林和陶哲轩的成果是许多伟大数学进展的典型，使显然不相关的领域相结合，在这个过程中开辟了新的机会。

遍历理论通常认为是概率论的一部分。它可用于素数的研究，反映了将素数作为完全确定的现象来对待和认识。我们通过假设它们在某些方面是随机的而更好地处理它们之间的关系，因此通过概率论进行最好地处理。格林和陶哲轩取得了重大的进展，证明即使是非常无序的集合，如素数集合，有时也可以分解成一个高度结构化的部分和一个具有高度随机行为的部分。

2.7 分层建模

分层建模是一组用于两个相关方面的技术：估计总体分布特征，如均值和方差；通过结合不同来源的信息预测总体中的个体特征。为了说明分层建模如何工作，我们以几场比赛后棒球击球手的排名问题作为例子，比赛者的排名依据是击球手成功击球次数的比例。成功击球次数的比例（或击球率）部分反映了击球手的能力，因为只进行了几场比赛，所以包含大量的随机性。得到公认的是，很多比赛者的最初击球率非常高或低，但随着赛季的进行，击球率将恢复到平均水平，没有得到公认的是，最初击球率非常的高或低是非常随机的，这是不可避免的。

这种情况可以使用分层建模。假设每个击球手都有一个以技术水平为基础的未知“真实”击球率，然后观察这一真实的击球率与测量误差的组合。对测量误差（在这种情况下一般通过简单的伯努利模型）进行建模，真实的击球率利用源于“总体分布”（真实击球率的未知分布）进行建模，正是这种二级建模产生了“分层建模”的概念。存在各种可能的方法得到的模型，但所有方法都可以产生有趣和令人惊讶的结论，如可能出现“交叉效应”，我们可以预计一个具有高击球率但参与较少比赛的球员的能力，比具有较低击球率但参与较多比赛的球员的能力差（因为后者击球率的随机成分更小）。棒球爱好者会发现这样的结论是合理的。

早在 40 年前就已经提出分层建模，随着它的计算容易实现，在过去 10 年中分层建模才成为统计学和其他科学的核心。在各种情况下，分层模型称为随机效应模型、经验贝叶斯模型、多层模型、随机系数模型、收缩方法、隐马尔可夫模型，以及许多其他名称。分层建模发展和利用率的激增，与计算能力的迅猛发展以及马尔可夫链蒙特卡罗方法下相应理论和算法的发展密不可分。下面给出的例子说明了当今科学和社会是如何使用分层建模的：

气候和环境研究要基于不同来源的数据对温度和降水等气候变量进行推导。例如，在古气候重建中，气候场需要从不同类型的观测数据中恢复，如树木年轮、花粉记录、湖泊沉积物、冰芯，以及外部影响（三个主要外部影响是火山活动、太阳辐照度和温室气体）。由于现有的任何关于树木年轮宽度与气候因子关系的数学模型都不完善，因此存在不确定性，其他不确定性因素来自于测量误差和以时间为函数的树木数量的变化。分层建模框架提供了一组概率模型，将不同的观测值与气候过程联系起来，并对不同层次的不确定性进行建模。已估计出来的潜在气候变量值，以及其相应的不确定性，可以被明确地确定出来。由于气候和环境数据通常来自多个数据源，单个模型不可能表征各种不同类型的数据，且不能反映它们之间错综复杂的关系。分层建模在模拟它们的复杂结构，以及集成所有信息，对未知气候过程分析出一个清晰的结论等方面非常有用。

计算生物学家使用分层建模方法分析微阵列数据，研究不同物种的基因组序列模式。例如，我们可以为蛋白质序列假定潜隐马尔可夫结构，使用多个物种的观测值或一个物种的多个类似副本，找到蛋白质共同存有的部分，这些共同部分通常对应关键的功能区域，并可以指导药物设计。多个协同调节基因的控制区域（称为启动子）也可以设计类似的结构，以发现转录因子的结合部位。BioProspector、MEME、AlignACE 和 Mdscan 等算法都是这种模型的成功实现，并得到生物学家的广泛使用。这些模型产生的一个非常令人兴奋的工具是 GENSCAN，它对于预测脊椎动物、果蝇和植物基因组序列中的完整基因结构是非常成功的。科学家们还创造了分层建模结构，将不同的基因表达差异联系起来，从而更准确地确定不同条件下具有不同表达的基因，例如，以癌变方式，而不是正常方式表达的基因。

分层建模基本结构的一个扩展是贝叶斯网络，其在人工智能中已成为重要的机器学习工具。贝叶斯网络是编码概率相关性模型的一种图形化方法，图形中的每个节点代表一个可能会或不会被观测到的随机变量，两个节点之间的定向连接表示它们之间是相关的。研究人员发现，这种结构在学习诸多因素之间的关系和在复杂情况下做出非常准确的预测非常有效。例如，科学家和工程师将贝叶斯网络用于创建垃圾邮件过滤工具、信息检索、图像处理、生物监测、决策支持系统等。

公共卫生研究人员、人口普查的科学家和地理学家使用分层建模进行空间分析，如各区域的疾病地图和小范围内的人口估计。保险精算是指信誉率的压缩估计，估计不同被保险人群的相对风险。流行病学家利用这些模型进行多重比较，并帮助评估环境风险。经济学家和金融研究人员通过多级随机回归系数模型改进人口预测。美国食品和药物管理局使用这些模型监测药物不良反应的复杂性。这样的例子不胜枚举，随着更多分析师学习使用分层建模，随着理论、算法和计算研究继续扩大分层建模的适用领域，分层建模的应用将不断增多。

2.8　算法与复杂性

许多工程都依赖于能够解决问题的算法，这些需要解决的工程问题通常具有深刻而有趣的数学结构。近年来，人们使用算法解决工程问题的能力显著提高，人们不仅可以有效地使用算法解决工程问题，而且知道哪些工程问题可以用算法解决。

从航空运输到快递运送，交通运输的各个行业都有算法解决问题。建立在数学框架基础上的算法工具，用于设计和更新时间表，规划低成本需求的路线。这种算法问题并不局限于运输，对于大多数行业的大型业务决策都非常重要。在过去几十年中，数学科学界在开发和改进算法工具方面取得了长足进步，这些算法广泛应用于像 IBM 这样的大公司（例如，嵌入到 IBM 公司的 CPLEX 优化软件包），以及像 Gurobi 这样的新兴公司。优化算法都基于深刻的数学思想，但它们的有效性还待于被实验证实。最近，由斯皮尔曼（Spielman）和腾（Teng）提出的平滑分析方法，为证实这些算法的有效性提供了新的框架，它利用概率，而不是利用罕见的最坏情况估计性能。

收益信息通常是业务优化决策的一部分，但在一些没有交易收益信息的情况下，仍需要算法马上做出决策。能实现这种决策的网络环境正在有条不紊地建立。例如，Akamai 公司所采用的一个方法，几乎所有的大型网站都在采用。这个公司的建立是基于一个很强的理论性算法思想，算法解决“如何以最佳方式在互联网上发布内容”的问题。

具有巨大商业效益的最有名的数学算法是 RSA 加密方案。RSA 的历史可以追溯到 20 世纪 70 年代中期，它的开发者 Ron Rivest、Adi Shamir 和 Leonard Adleman，凭借此发现获得了 2002 年的图灵奖。目前，加密是所有互联网电子商务的基础，不仅用于加密消息，也用于各种形式的敏感信息，包括身份认证、数字签名、数字现金、电子投票等。近几年，我们对“如何使这类应用成为可能”的认识有了大幅度提高。我们已经开发了新的加密方案，提供更安全、更简单的加密，同时在存在许多新形式攻击的日益复杂的环境中，提高了加密方案的安全性。这些发展最根本的是发现全同态加密技术，允许人们仅用加密信息计算，而不需要解密这些信息或学习相关内容。

信息编码使人们能够在噪声信道可靠地传输信息，然后在接收机位置校正错误，并有效地存储和检索信息。这样的错误校正码是大部分数字通信技术的基础，同时数字通信技术是手机、视频、光盘等的基础。香农（Shannon）在这方面做出了经典的工作，他使用概率和统计学限制噪声信道中传输的信息量。现在，这种限制被称为信道的香农容量。最近计算机科学理论界的斯皮尔曼（Spielman）等人开发出了新的编码，这些编码可以在线性时间内进行编码和解码，对于最坏情况下的噪声模型，也能达到香农容量。编码对许多看似无关的领域也产生了重大影响，如编码对理解有效计算的局限性产生了重大影响。编码是开发“概率可验证明”（PCP）新型证明系统的关键工具。这些证明只能从概率上进行正确性验证，例如，随机算法仅从证明中检查几个字符，就可能以99% 的确定性证明它是正确的。复杂性理论的惊人发展已经证明，每一个正确证明都可以转换成概率可验的证明，证明规模仅以多项式级增加，有效地提供了证明的高冗余编码。我们在验证经典优化问题找到近似最优答案的计算难度的过程中，概率可验证明的理论是一个关键部分。要看到其间的联系，要证明最有说服力的概率可验证明是一个近似问题，这是有难度的：真命题具有概率可验证明，而任何要证明假命题的概率证明一定不会有高概率。

2.9　反问题：可见与不可见

反问题是那些通过外部观测，理解系统内部结构的问题。系统本身是隐藏的，是一个无法直接探测的黑盒子，例如，接受医疗成像过程的患者、内部结构完整接受检查的非透明工业物体、地球表面下方的结构，如石油储层。我们要了解物理系统，就需要重建很多结构和参数。基于这种方式，外部信号经过黑盒系统时将受到影响，因此我们需要恢复黑盒系统的未知参数。这种问题是当代科学探究和技术发展的核心。这方面的应用包括各种成像技术，如癌症和肺水肿早期检测、地壳中石油和矿藏勘探、根据望远镜数据创建天体物理图像、发现材料内部的裂缝和界面、优化形状、确定成长过程的模型，以及生命科学中的建模。

典型的反问题需要确定偏微分方程的系数，给出有关方程解的一些信息。这方面的研究利用各数学分支领域，包括复分析、微分几何学、谐波调和分析、积分几何学、数值分析、优化、偏微分方程和概率论，建立应用领域和数学之间很强的联系。

椭圆方程反边界问题的一个案例是经典的卡尔德伦问题，也被称为电阻抗断层成像（EIT）。1980 年，卡尔德伦在数学著作中提出该问题。在电阻抗断层成像中，人们尝试通过测量介质边界处的电压和电流，确定介质的电导率。电导率信息被编码为与电导率方程相关的狄利克雷-诺伊曼映射。电阻抗断层成像被应用于多个领域，包括地球物理勘探和医疗成像。在过去的约 25 年间，该问题取得了显著进展。在过去几年里，取得的进展包括解决二维问题、部分数据问题以及离散问题。

因为有非常多的应用，新的反问题在不断出现。例如，最近几年，医学成像采用了多波方法，该方法结合了高分辨率模式和高对比度模式。再如，在乳腺成像中，超声的分辨率（亚毫米）高、对比度低，而许多肿瘤能够比健康细胞从电磁波中吸收更多的能量，所以电磁波成像具有非常高的对比度。

对卡尔德伦问题的研究为无法通过电磁波、声波和其他类型的波检测到物体的问题带来了新的认识。几千年来，从希腊神话中的珀尔修斯与美杜莎到最近的哈利·波特，隐形一直令人向往。2003 年以来，数学和物理学文献中出现了一系列关于隐形装置的重要的理论提议，提到的隐形装置的结构不仅使物体无法看到，而且电磁波也无法探测到。受到人们极大关注的隐形的特殊方法是变换光学系统，需要设计具有定制波传播效应的光学器件。首先针对静电开发了变换光学系统，即卡尔德伦问题。变换光学系统利用材料光学性能的变换规则：标量光学和声学的折射率受亥姆霍兹方程约束，以及矢量光学的介电常数和磁导率可以由麦克斯韦方程组所描述。这些材料的折射率导致出现以下情况，光线通过一个区域，出现在另一侧，就好像通过真空一样。超材料（还未在自然界中发现的材料）的进展，使得我们利用变换光学从理论上证明了微波频率隐形的计划是可以实现的。最近几年，人们通过努力，使超材料能够对包括可见光在内的更广泛的频率范围隐形。超材料的进展被《科学》杂志确定为过去十年的十大新闻之一。

2.10 几何学与理论物理学的相互影响

数学，尤其是几何学，与理论物理学的相互影响有悠久的历史。19 世纪中期，几何学与理论物理学属于同一个领域。例如，狄利克雷关于在给定圆周边界值的圆盘上存在调和函数的观点，能够很好地说明对静电的物理直观感受。量子力学和广义相对论的公式中都出现了相互影响的模型。到 20 世纪 20 年代后期，量子力学最终根据希尔伯特空间和作用于这些空间的算子得到阐明。这些数学对象由希尔伯特在 19 世纪 80 年代提出，纯粹出于数学目的，与量子力学没有任何关系，且当时量子力学还未构想出来。不过，有趣的是，希尔伯特称其算子的分解为“谱分解”，因为这让他想起各种原子的谱，这一点在当时很神秘，但最终通过量子力学得到了解释。爱因斯坦探索了多年，在没有找到适当数学背景的情况下，提出了广义相对论。他从黎曼的黎曼几何工作中受到启发。这正是他一直在寻找的公式，在学习这一理论后不久，他根据四维时空的连续性，并利用一个不确定的黎曼度量阐明了广义相对论，这个黎曼度量，在时间方向是正的，在空间方向是负的。在这些情况下，数学问题的发展源自数学内部的原因，数学问题的提出早于它在物理学中的需求，并随时为物理学应用做准备。正是由于这样的相互作用，物理学家尤金·魏格纳（Eugene Wigner）想要弄明白“数学为何能在物理学中起到不合常理的有效作用”。

同样情形的一个较新的例子是杨-米尔斯（Yang-Mills）理论。同样地，物理学家努力发展数学框架，用以处理他们正在研究的物理观点。在数学上被称为主丛和曲率连接的数学框架，已经出于数学原因而被提出。就在最近，量子场论把这个数学与物理相互影响的作用发挥得淋漓尽致。在 20 世纪 40 年代和 50 年代提出量子场论时，并没有合适的数学背景。尽管如此，物理学家们能够发展处理这些对象的技术，至少在特殊情况下能够做到。利用杨-米尔斯理论作为重要特征的推理路径，产生了理论物理学的标准模型，并能够做出经过高精度实验验证的预测。然而，直到现在，对于这些计算仍没有一个严格的数学背景。随着弦理论的出现，情况变得更糟了，合适的数学公式的出现似乎变得更加遥远。由于目前数学和物理学之间相互影响的方式不同于以往，这些物理学理论的数学背景并不存在且尚未被提出，但这只是暂时的。随着物理学家提出和探索这些没有严格数学公式的理论，他们越来越多地在物理学理论中应用更加复杂的几何和拓扑结构。利用已经定义的理论，物理学家可以发展那些隐含在几何和拓扑对象中的数学问题和命题。有些命题是众所周知的数学结论，但其他的很多则是全新的数学命题。

在过去 20—25 年，这些全新的数学命题、猜测和物理学问题，一直是推动几何学和拓扑学结构发展的动力。其中有些已经成功地得到数学验证；有些虽没有得到证明，但它们的数学依据是明显的；有些在数学上则是完全未知的。在复杂四维投影空间中，人们用 5 次齐次多项式，对一般超曲面给出了 1 到 5 次的表达公式。物理学的论证则为它们建立了来自完全不同数学领域（常微分方程的幂级数解）的通用公式。在物理学介入之前，数学家计算了 1 到 5 次的解，但没有推导出一般通用解。物理学论据提供了通用公式，后来数学论据进行了直接证实。

这些直接的数学论据，并不能解释“初始的物理学是如何将公式和常微分方程解联系起来的”。确实，发现这种联系是当今几何学的核心问题之一。许多数学家研究了物理学问题的各个方面，只获得了部分线索，没有完全理解，甚至是推测性理解。数学家将物理学问题表达为数学问题。物理学家则从数学的角度更深层次地理解物理学问题，远远超出人们现有的知识水平。从数学角度理解物理学问题是高能理论物理学与几何学、拓扑学的核心问题。

复杂的数学在解释许多物理学定律方面必不可少。粒子物理学的标准模型公式，涉及“规范理论”或纤维丛，它们都具有非常丰富的拓扑结构。

陈省身-西蒙斯理论、指数理论和 K-理论描述了这些拓扑结构，这些理论也可用于凝聚态物理学，表征物质的拓扑相，为量子计算提供途径。利用陈省身-西蒙斯理论描述，量子比特可以被解码成纤维丛的精细拓扑结构。K-理论已用于凝聚态物理学的另一个活跃领域——拓扑绝缘体的分类。

弦理论与数学有密切关系，弦理论的研究跨物理学和数学两个领域。规范场-引力场对偶，或 AdS/CFT 对偶将广义相对论与量子场论理论联系起来，这套理论还用于粒子物理学。引力理论存在于双曲空间中。双曲几何学和黑洞研究的许多进展，可以用来描述某些粒子系统的强相互作用。沿着这个思路，人们将一定距离限制的引力方程与流体力学方程联系起来。人们认为一个特定的黑洞，或黑膜，是具有负宇宙学常数的爱因斯坦方程的解。这些黑洞具有长距离激发，这些激发表示几何上的小波动。波动会衰减，并最终被黑洞吞噬。根据规范场-引力场对偶，该系统可由边界上的热系统以及量子热流体与粒子的相互作用来描述。在这个公式中，长距离扰动通过流体力学描述，即纳维-斯托克斯方程或其相对论模拟。这个方程中的黏度项产生激发阻尼，并且它与落入黑洞的波有关。通过第一原理计算粒子理论中的黏度非常困难。根据爱因斯坦方程观点，这非常简单，因为它由一个纯粹的几何量给出：黑洞视界面的面积。这已经用于定性模拟强量子粒子的相互作用系统，包括模拟从重离子碰撞（布鲁克海文国家实验室相对论重离子对撞机或日内瓦大型强子对撞机）所产生的夸克-胶子流体到凝聚态物理中的高温超导体。

规范场-引力场对偶的很多例子都涉及超对称性等其他结构。在这些情况下，几何服从特殊的限制，由此产生了与卡拉比-丘空间密切相关的佐佐木-爱因斯坦空间。这只是一个例子，体现了矩阵模型、代数曲线和超对称量子场论之间相互联系的更一般的趋势。

过去 10 年的新进展是发现了 $N=4$ 的超杨-米尔斯场的可积性。该四维量子场论是最对称的量子场论，人们可能通过此研究找到所有量子规范理论共同的基本结构，因此研究这个高度对称的例子很有用。可积性意味着大量色限制下存在无限维的对称集。在这种机制下，该理论下的粒子，或胶子，形成了一种类项圈物。对称作用于这些状态，使我们能够准确计算它们以耦合为函数的能量，深层次的数学结构才开始为人们所理解。被称作（1+1）维系统的可积性促进了量子群和其他有趣数学的发展。这里可积性的方式有所不同，因此，很可能产生新的数学分支。与此密切相关的一个领域是，该理论中散射幅值的计算。若直接使用标准方法（如费曼图）进行计算，会变得非常复杂。而一些新方法则表明真实的解是非常简单的，且具有与 Grassmann 数学相关的丰富结构，这引出了另一项富有成果的合作。

理论物理学与数学之间的联系变得越来越紧密，得到了一些交叉学科研究中心（如石溪分校西蒙斯几何学与物理学中心）的应急资助和许多大学（如杜克大学、宾夕法尼亚大学和加州大学圣巴巴拉分校）数学/物理学计划的资助。

2.11　统计推断的新前沿

我们生活在统计推断的新时代，目前的技术催生了高维数据集，以及在每一个实验中都产生的大量观测数据。例如，基因表达微阵列同时监测数以万计基因的表达水平，功能磁共振成像仪监测大脑各个部位的血液流动。数据采集能力惊人地增强，产生了数以百万计的数据集，每个数据集都有自己的估计或测试问题。大规模的科学生产要求统计推断的新发展，并激发了统计学方法的惊人的爆发式发展。更重要的是，数据洪流完全改变了需要回答的一系列问题，统计学在过去 15 年发生了深刻变化。研究问题的转变如此之大，以至于现在的研究主题与 20 世纪 90 年代初的主题关系非常小。

高维是指我们推断的问题涉及的参数数目与处理的观测数据（样本数据）大致相同，或比观测数据大得多的情况。这类问题无处不在。在医学研究中，我们对确定与前列腺癌可能相关的基因感兴趣。一项经典的研究，将大约 100 个男人记录成千上万个基因的表达水平，其中只有一半患有前列腺癌，另一半作为控制集。人们必须同时测试成千上万的样本，以便及时发现与癌症发展存在因果关系的那一小部分基因。另一个例子是在全基因组关联研究中，目标是测试基因组中的一个变种是否与一个特定的表型相关联。该项研究的样本数量数以万计，假设的数量可能在 50 万—250 万之间。如果我们对许多表型感兴趣，假设的数量很容易上升至数十亿到数万亿。

统计学界已经做出了开创性的工作，如 Benjamini 和 Hochberg 的虚假发现率（FDR），提出了一种新的多重比较范式，不仅对统计科学产生巨大影响，而且对医学科学及其他领域也产生了重要影响。概括地讲，虚假发现率过程控制了虚假拒绝和总拒绝之间的预期比率。在前面的例子中，统计学家为医学研究人员返回一个基因列表，并使他相信他应该期望这些基因至多只有已知的一部分是“虚假发现”，比如 10%。这种新模式非常成功，因为它具有更强的能力发现真实的情况，同时防止虚假发现。虚假发现率方法假定，要求测试的假设具有统计独立性，且零假设下的数据分布是已知的。在实际中这些假设可能并不总是有效的，并且大多统计学研究关注的是将统计学方法扩展到这些具有挑战性的参数设置上。在这个方向上，最近几年经验贝叶斯技术得到了快速地发展，使得应对海量数据的冲击成为可能，并能够提供功能强大的框架和新的方法来处理海量数据问题。

统计学中的估计问题通常也是高维的。在与遗传相关的研究中，对 n 个对象采样，记录一个或多个定量性状，如胆固醇水平。每个对象会测量染色体上的 p 个位置。人们可能记录一个较不常见的等位基因副本数目的值（0，1 或 2）。为了找到一个与性状具有可检测的联系的基因，人们可以将问题作为高维回归问题处理。也就是说，人们可以设法将感兴趣（胆固醇水平）的问题，表示成测得的遗传协变量的线性组合。带有显著系数的协变量与性状有关。

问题是，样本（方程）数量 n 为成千上万，而协变量的数目 p 为数十万。方程数量比未知数少得多，我们如何处理？这种不确定系统在科学和工程中无处不在，这是一个迫切需要解决的问题。例如，在磁共振成像中，我们想从少数线性观测值推断出较多的像素。而许多问题中，解是稀疏的。

在上述例子中，我们知道只有少数基因可能与性状相关。在医疗成像领域，我们通常在精心挑选表征中做一个简洁的描述来得到期望的图像。

近年来，统计学家和应用数学家已经为稀疏回归问题提出一些非常实用的方法。这些方法大多依赖于凸优化，凸优化领域在过去 15 年突飞猛进发展。现在大量文献表明：① 通过 $L1$ 最小化，人们知道什么时候可以求解一个大的不确定系统，什么时候不可能求解；② 什么时候准确的统计估计是可能的。除了在每个科技领域都产生巨大影响，现代研究还对评估统计估计准确性的指标进行了全面修正。古典的渐近方法研究当参数数量固定且样本大小趋于无穷大时误差的大小，现代的渐近方法则关注的是当参数 p 和观测对象 n 的数目以固定比例都趋向于无穷大，或 p 以 n 次多项式增长时的情况。进一步地，我们必须再次考虑误差。问题不是渐近正态性是否成立，而是是否已选择了正确的变量。由于现在许多情况下很容易获得数据，因此收集了大量不相关的变量。我们需要利用最小信噪比来确认真正重要的变量。

根据高维数据进行准确估计是不可能的，除非假设是上面我们讨论的稀疏结构。统计学家们研究了其他关键结构，确保从不完整的数据中进行准确估计。包括低秩矩阵的估计，如著名的 Netflix 问题，其目的是预测用户对未观看电影的偏好；或大协方差矩阵或基于偏相关性曲线稀疏假设的图形模型的估计；或仅来自幅值测量的 X 射线衍射图像的分辨率。后者在一些只能收集光波的强度，无法收集相位的探测器的应用中极为重要。总而言之，现代统计学处于当代科学的前沿，现代统计学的重大进展将越来越多地依赖于从海量数据集中挖掘信息的统计学和计算工具。

统计学在产生海量数据的时代发挥着举足轻重的作用。在多重比较领域，统计学的新方法被应用领域广泛接受。忽略统计学问题是危险的，容易导致错误的推论、错误的科学发现和不可重现的研究。在现代回归领域，方法和结果已经激发大量团体提出新的建模工具和新的方法来思考信息检索。该领域仍处于起步阶段，仍有许多工作要做。要提出未来 10 年统计学家全力攻克的主题，给出正确推断的问题。传统的统计推断要求在分析数据前模型是已知的。然而，在目前的实践中，通常是在数据分析后选择一个模型。一般情况下，标准统计学检验和应用于选定参数的置信区间是完全错误的。在海量数据时代，迫切需要提供正确推理的统计学方法。

2.12 经济学与商业：机构设计理论

机构设计是一门具有悠久历史的学科。例如，设计规则建立激励措施从而获得期望的结果（如收入或社会福利最大化平衡）。现在机构设计理论的发展强调了将计算的思想应用到经典机构设计问题上的必要性。

机构设计理论最典型的例子是在互联网上销售广告空间，这是许多网络服务提供者的主要收入来源。一份研究报告指出，2010年美国在线广告支出费为258亿美元，网络广告支出费将继续以两位数的速度增长。在线广告的成功，很大程度上是由于供应商能够根据用户的搜索行为，推断出用户的兴趣，为用户量身定制广告。每个搜索查询生成一组新的可出售的广告空间，每个搜索都有其自身属性，以此来确定不同广告的适用范围，这些广告必须几乎在瞬间投放。这种情况使向潜在广告客户销售空间的过程变得非常复杂。

计算可行的机构设计的许多前沿问题已经获得了显著的进步，三大亮点如下：

（1）认识发现纳什均衡的计算难度。Daskalakis、Goldberg 和 Papadimitriou 因为此工作荣获了2008年度博弈论学会的博弈论和计算机科学奖。

（2）量化博弈中没有完全实现理想结果的均衡效率损失，这称为混乱的代价。这方面的初步成功是在博弈论领域，如保证平衡和进行路线选择，最近这方面的工作与网上拍卖相关，有很大的发展潜力。

（3）通过开发近似实现期望结果的技术，推动计算可行的机构设计的理论发展。

2.13　数学科学与医学

数学科学在很多方面都对医学做出了巨大贡献，包括：医疗成像算法、与药物发现相关的计算方法、肿瘤生长和血管生成模型、健康信息学、比较效力研究、流行病建模和指导不确定条件下的决策分析等。随着基因组测序的日益普及和更广泛电子健康记录系统的使用，人们希望有更多针对个体患者的医疗干预措施。统计学家将深入参与这些问题。

为了说明数学科学与医学的相互影响方式，我们介绍一些在心脏病患者的诊断和手术规划中的数学科学挑战。计算医学面临的重大挑战之一是，如何根据一系列随时间变化的测量数据来构建个性化的心脏生物学、力学和电活动模型。它们可以用于诊断或手术规划，从而为患者带来更好的恢复效果。应对这一挑战，需要应用数学解决两项任务。

首先，从随时间变化的三维计算机断层扫描（CT）或核磁共振成像（MRI）的患者图像序列中，利用数学获知心脏运动的情况。通过解决可变形图像配准问题可获知，而配准问题在医疗成像中反复不断地出现。为解决这一问题——有效地对齐主要对象移动时拍摄的图像，我们需要使选择的不同时间拍摄图像的强度函数之间的“距离”最小化。该问题是不适定的：使两个图像之间距离最小的映射有许多，大部分无法实现不同时间拍摄图像的强度函数之间的“距离”最小。要筛选适当的映射，人们必须选择一个“罚函数”，获得所需的拉伸量，以便将连续图像近似定位。寻找合适的罚函数是一项非常复杂的任务，依赖于核心数学的一个分支——微分几何学的概念和工具。选择了合适的罚函数，还需要能进行大规模计算的高效算法。

其次，将通过数学工具提取的心脏运动情况作为观测数据，促进反问题的求解。反问题是指根据外部成像观察到的运动，推断心脏模型的生物机电属性的参数。心脏的生物物理模型涉及另一个数学领域——偏微分方程，把多个物理部分组合在一起：心室壁的弹性、电生理学现象、心肌纤维的主动收缩。

在数学模型和数据源都完全未知的情况下，该问题类似“盲解卷积”问题。为反演解算器带来了巨大困难。在图像配准的情况下，需要细致的公式化和规范化，以及在要求容病态条件下可大规模计算的求解器。最近一项研究，采用一种混合方法，将图像配准和模型确定问题的解决方案结合在一起。

2.14 压缩传感

压缩传感已成为数学科学及科学工程应用领域的一大研究热点。新的数学发展可来源于重要的科学或工程问题。数学家发展抽象和定量模型，解决最根本的问题。而更抽象些的理论，也可以为其他那些有共同数学结构的应用提供见解。换句话说，没必要为需要解决的实际问题重新发明数学问题，可以利用现有的数学来解决。

压缩传感的目的是解决核磁共振成像（MRI）的重大问题。核磁共振成像是放射医学对人体内部结构进行可视化的医学成像技术，是一种非常好的工具，与其他医疗成像技术（如 CT 或 X 射线）相比具有若干优点。但是，核磁共振成像本身是一个缓慢的数据采集过程。在一定时间内获得高质量扫描或获得实时高分辨率的动态图像（视频）是不可能的。在儿科中，核磁共振成像对儿童健康诊断的作用有限，由于儿童不可能长时间保持静止或屏住呼吸，所以不可能实现高分辨率扫描。虽然可以使用使人停止呼吸几分钟的麻醉方法获得实时高分辨率动态图像，但这一过程存在风险。

通过减少数据点的采集量，可实现更快成像。但生物医学成像领域的普遍看法是，跳过采样点会丢失信息。几年前，一组研究人员证明较少数量的采样就可实现高分辨率成像，从而改变了信号处理过程。它们可以在核磁共振成像没有足够时间完成扫描的情况下，恢复高分辨率图像。引用 *Wired* 杂志的观点：“那是压缩感知的开始，它是数学的热点领域，重塑了人们在大数据集工作的方式。”

虽然压缩传感理论只有几年的发展史，但压缩传感算法已经在美国的几家医院以不同形式得到了使用。压缩传感技术在斯坦福大学露西尔·帕卡德儿童医院的临床应用已有两年多。压缩传感技术通过简化扫描的方法来产生清晰的图像，通用电气和飞利浦公司的医疗影像产品都采用这一技术。

研究压缩传感不只能快速获得核磁共振成像图像，还能揭示获取各种信息的协议。这一研究解决了当代科学的一大悖论。压缩传感技术提供了一个简单的方法，让多个传送者可以将其信号带纠错地合并传送，这样即使输出信号的一大部分丢失或毁坏，仍然可以恢复出原始信号。压缩是存储、传输或处理所必需的。例如，数码相机收集大量信息，然后压缩图像，使它们适合存储于存储卡上，或适合于通过网络发送。但是，这会造成巨大的浪费。为什么当我们已经知道会丢弃 95% 的数据时，却还要收集兆字节的数据呢？有没有可能获得已经处于压缩形式的信号呢？换句话说，我们能否直接测量携带重要信息的那部分信号，而不测量最终会被丢弃的那部分信号呢？数学家们给出了肯定答案。这是未曾预料到且不符合常理的，因为按常理：需要保持信号的完整性，以便决定哪些部位应保留或测量，哪些部位可以被忽略或丢弃。虽然这是直观的感受，但并不正确。大量数学理论表明，压缩采集协议将成为现实。

数学的发展改变了工程师对信号采集的认识，从模数转换、数字光学，到地震学等领域。在通信和电子情报领域模数转换非常关键，它将信息从复杂的射频环境转换到数字域以便进行分析和利用。对抗性通信可以从一个频率跳到另一个频率。当频率范围较大时，没有速度足够快的模数转换器可以扫描整个范围，对高速模数转换器技术的研究表明，它们前进的步伐非常缓慢。压缩传感思想表明，这种信号可以以很低的速度获得，这导致了新型模数转换器架构的发展，旨在可靠地采集远远超出目前数据转换器范围的信号。在数字光学领域，人们已经设计出几个系统。在压缩传感思想的指导下，工程师们有了更多的设计自由，体现在三个方面：① 使用比最初认为少得多的传感器，获得高分辨率成像，显著降低设备成本；② 设计能够使显微镜的信号采集时间减少若干数量级，开拓了新的应用领域；③ 可以在大大降低功耗的情况下，感知周围环境，延长传感器的使用寿命。这项工作主要产生于工业领域。在这些新近发展的数学思想基础上，一些公司使更快速、便宜、高效的传感器工程化。

压缩传感理论是过去 10 年数学科学中最适用的理论之一，也是非常复杂的数学理论之一。压缩传感理论利用了概率论、组合数学、几何学、谐波分析和优化等技术，为近似理论的基本问题带来了新认识：恢复原始信号需要多少测量？如何从最少的测量中恢复原始信号？是否有从压缩测量中获取信息的有效算法？压缩传感的研究涉及数学理论的发展，涉及数值算法和计算工具的发展，以及将这些思想付诸实施的新硬件设备。压缩传感理论的发展依靠各领域的科学家和工程师，包括核心数学家、应用数学家、统计学家、计算机科学家、电路设计师、光学工程师、放射线科学家等。这将产生良性循环，压缩传感理论找到新应用领域的同时，从应用领域提出新问题和新方向，产生新的理论数学问题。

专栏 2-1　数学结构

在本章的许多地方，都涉及“数学结构”。数学结构是一种智力结构，是满足一系列数学推理的显式规则的集合。例如“群”，群由一个集合和一个运算组成，集合的任意两个元素组合（“相乘”）得到两个元素的积，成为集合的另一个元素。群必须满足：存在单位元，每个元有逆元，群上定义的运算满足结合律。基本算术运算符合这样的定义：整数加法满足以上要求。群的概念也是表征对称性（如晶体学和理论物理中的对称性）的基本工具。这个抽象等级在两个重要方面发挥作用：① 它忽略不重要细节，对数学集合和运算进行精确检查；② 它对我们熟悉的数学结构的逻辑扩展开启了大门。第二个方面的一个例子是，群的定义允许两个元素的组合，取决于它们“相乘”的顺序，这与算术运算的规则相反。群的运算性质只是一个假设，而不是一个必然结果，数学家们定义和探索“非交换群”，非交换群中“乘”的顺序非常重要。有许多自然环境通过非交换群进行自然表达。

当然，也可以定义一个与现实世界无关的、乏味的数学结构。人们关注的是，有多少有趣的数学结构？它们特点的多样性程度如何？其中会有多少能够对人们认识现实世界起到非常重要的作用？数学科学具有无限可能的原因之一是，数学结构有广泛的应用。复数是围绕 –1 的平方根建立的数学结构，用它来描述电磁学和量子理论基本方程。黎曼度量本身用于描述每点几何形状都发生变化的物体，是爱因斯坦引力描述的基础。“图”是由“边”连接的“节点”组成的数学结构，是社会科学家了解社会网络的一个基本工具。

数学结构的一个显著特点是层次性，现有数学结构是建立新数学结构的基础。尽管长期以来“概率”的内涵困扰着哲学家，但人们可以建立称为“概率空间”的数学结构，提供建立现实结构的基础。在概率空间结构的顶层，数学家建立了随机变量的概念，严格表达了一个量的概念，量的取值符合一组特定的概率。例如，一人分别掷两枚骰子，若一枚骰子是重量均匀的，另一枚骰子重量不均匀，则会得到不同的随机变量。

有各种各样的随机变量，最有名的是高斯随机变量，它是著名钟形曲线的来源，并为许多基本统计工具提供了完备的基础。不同的随机变量，可以组合成概率模型的结构。概率模型是一类非常灵活的数学结构，用于理解细胞内的各种现象、金融市场或超导体的物理现象。

数学结构提供了一种统一的表示方法，使数学科学成为一体。算法代表一类数学结构，通常基于其他数学结构，如“图”，其有效性可使用概率模型来衡量。偏微分方程是一类数学结构，函数是其基础。大部分物理学的基本方程都用偏微分方程描述，对偏微分方程的数学结构可以进行更严格的研究，而不需要知道亚核尺度的最终空间结构是什么样。这种研究可为特定偏微分方程的潜在解提供认识，说明通过偏微分方程能捕捉哪些现象，不能捕捉哪些现象。偏微分方程的计算还涉及另一种类型的数学结构——“离散化格式”。离散化格式将本质上的连续问题转换为只涉及一组非常多但有限值的问题。寻找合适的离散格式非常困难，离散数学是现代数学科学的一个重要分支。

第 3 章

数学与其他科学的关系

3.1 导　　言

除了如第 2 章所述，数学科学具有旺盛的内部生命力以外，它对其他科学的影响也在日益扩展。为了应对数学之外的挑战，数学科学分支领域的数量也在不断增多。这种状态虽已持续了几十年，但在最近的 10—20 年数学分支领域数量增加的速度大大加快。其中一些数学与其他学科领域的联系是自然而然发展起来的，因为现在许多科学和工程都是建立在计算和模拟的基础之上，而数学科学就是计算和模拟的自然语言。现在数据采集能力大大增强，并将继续增强，数学科学本身可从这些数据中挖掘知识。因此，必须改善有利于促进数学家与其他学科研究人员联系的机制。

在某些情况下，数学科学研究的影响会非常迅速地扩展，因为新思想可以迅速地嵌入到软件中，而不需要大量的转换步骤，就好像化学基础研究和使用经批准药品之间的过程。如果数学科学的研究产生了新的方法来压缩或分析数据、预测金融产品、处理医疗设备或军事系统的信号，或求解工程模拟背后的方程，那么就可以迅速实现效益。基于此，即使与数学科学似乎没有联系的政府机构或工业部门，通过保持美国强大的数学科学实力，也可以获得利益。因此，数学必须保持健康发展，以便向 STEM 领域提供受过良好训练的人才。每个人都应该关心数学科学的生命力。

本章将讨论数学与其他科学日益增长的相互影响如何扩大数学科学的定义。然后，叙述数学科学对多个领域的重要作用。许多情况下，数学通过自身开展的主要研究就能说明其重要性。附录 D 给出了很好的实例。

3.2　扩大数学科学的定义

在过去 10 多年的时间内，应用数学方法的途径以及使用数学思想的类型都出现了快速增长。由于这些快速增长的许多领域都源自数值模拟、计算和数据分析（数据分析本身也受数据采集的数量级增长的影响）能力的爆炸性增强，因此，往往认为与此相关的研究及其从业人员是属于计算机科学领域的。但事实上，不同专业背景的人都对此做出了贡献。基于科学与工程的模拟过程，本质上是数学的，它需要在数学结构、算法开发、计算基本问题，以及模型验证、不确定性量化、分析和优化等方面的进展。当计算科学家和工程师处理更复杂的数据并利用先进计算时，这些领域的进展是非常必要的。这些数学科学需要很深的数学智慧，而且要对数学科学有浓厚的兴趣。

目前，这些越来越多使用数学的领域，如生物信息学、基于 Web 的企业、金融工程、数据分析、计算科学，以及工程的大部分工作，是由“非数学家”的人员处理的。但这些工作包含数学科学的内容，即使不是数学研究，也有相当大部分的工作与数学有关。数学科学界通过教育、研究和合作发挥其作用是非常重要的。具有数学专业背景的人员可以带来不同的观点，以此作为计算机科学家和其他人员的补充。

“数学科学”没有确切的定义。委员会主席戴维·爱德华 1990 年撰写《振兴美国数学——90 年代的计划》报告中使用了如下定义：

数学科学主要包括核心数学（或纯粹数学）和应用数学、统计学和运筹学、延伸到理论计算机科学等其他领域的数学范围。其他许多领域，如生物学、生态学、工程学、经济学的理论分支与数学科学无缝地结合。

奥多姆 1998 年的报告也使用了类似的定义，如摘自该报告的图 3-1 所示。

图 3-1 显示了数学科学的重要特征，即数学科学与其他许多科学、工程、医学，以及越来越多的商业领域，如金融和市场营销，存在交叉与融汇。

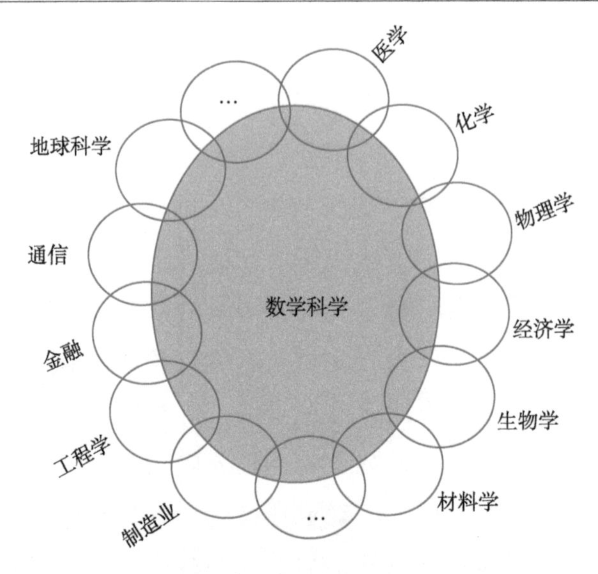

图 3-1 数学科学及其交叉

图 3-1 中，小椭圆与大椭圆（表示数学科学）的重叠区域，是数学科学与其他科学领域相互交叉的地方，是研究人员跨越两个或两个以上学科领域的地方。具有数学专业背景的人可能对一个或多个互相交叉的学科具有广泛的影响和深刻认识。而具有其他学科专业背景的人有了数学和统计学的基础将更加得心应手，这还要进一步讨论。数学与其他学科的分界线并不清晰，而这些区域是学科融汇的地方。现代科学与工程中有大量的，并且不断增长的部分在很大程度上是“数学的”，任何划分数学科学的中心领域和边界领域的分界线都是武断的。理论物理学或理论计算机科学的工作与数学研究工作根本无法区分，理论生态学、数学生物学、生物信息学，以及越来越多的领域也与数学科学发生交叉重叠。这并不是一个新现象，例如，拥有数学博士学位的一些人，如约翰·纳什（John Nash）、约翰·波普（John Pople）、赫伯特·豪普特曼（Herbert Hauptman）和沃尔特·吉尔伯特（Walter Gilbert），都获得过诺贝尔化学奖或诺贝尔经济学奖。随着越来越多的领域适合于用数学表达，这种现象会变得越来越普遍。数学研究机会的爆炸性增长意味着 21 世纪的许多研究都建立在数学科学的基础上，而且该基础将继续发展和扩大。

图 3-1 中的中间的椭圆并没有再次细分。与许多其他同样研究数学科学的人一样，委员会成员认为，重要的是要将数学科学作为一个统一的整体。“核心”数学与“应用”数学之间的区别，更多的是人为划分。今天很难找到一个与应用无关的数学区域。的确，一些数学家主要证明定理，其他数学家主要建立和求解模型，且专业的奖励制度应考虑到这一点，但是，任何个体都可能在这两种研究模式之间转变，并且许多专业领域都包括了这两种模式的工作。总的来说，大量的数学科学共享共同的经验和思维过程，并且各领域之间的思想借鉴具有悠久的历史。

委员会赞同《2010 年数学科学国际评论》(3.1 节) 中使用的以下表述：

长期以来，数学科学划分为各个分支，隐含的意思是这些分支是不相交的。最常见的是“纯粹”数学与“应用”数学之间的区别，“数学”和“统计学”之间的区别。这些常见的分类以及其他分类虽可以体现风格、文化和方法等方面真正的不同，但专家小组认为，在整体科学和工程背景下考虑，强调数学科学的分支而不是强调整体，产生了越来越多的不利影响。这种区别可能造成数学科学界内部不必要的障碍和紧张，而相互借鉴会使数学界的研究更加高效。实际上，数学科学不同分支领域之间正在产生越来越多的重叠和有益的相互影响……统一数学科学的特征比划分数学科学的特征更重要。

整个数学科学共享的经验是什么？数学科学旨在通过对抽象结构进行形式化的符号推理和计算来认识世界。一方面，数学科学发掘和理解抽象结构之间的深层关系；另一方面，通过对抽象结构建模、基于抽象结构进行推理或利用它们作为计算框架捕捉世界的某些特征，然后再重新回到对世界的预测，这通常是一个反复的过程；还有一个方面，数学科学使用抽象推理和结构基于数据对世界进行推理。数学的基本功能是把经验观察转变为对事实进行分类、排序和理解的手段。通过数学科学，研究人员可以构建一个知识体系，理解其中的相互关系，并在其中发现和使用任何需要的知识。通过数学科学，概念、工具和实践可以从一个领域过渡到另一个领域。

再有一方面，数学科学研究如何使推理和计算过程尽可能高效，并且描述相应方法的局限性。理解数学科学的不同方面，使不同分支不再孤立是非常关键的。反过来，通过新问题、新工具、新认识和新范例，各分支的成果也丰富了其他分支的内容。

整个数学科学对了解物质世界非常有效，同时对了解世界也是非常必要的。这一谜题常被称为“数学惊人的有效性”，这在第 2 章中提到过。

根据“惊人的有效性”，更引人注目的是与图 3-1 类似的图 3-2，它展示出了自 1998 年奥多姆报告发布以来，数学科学的扩展范围到底有多远。

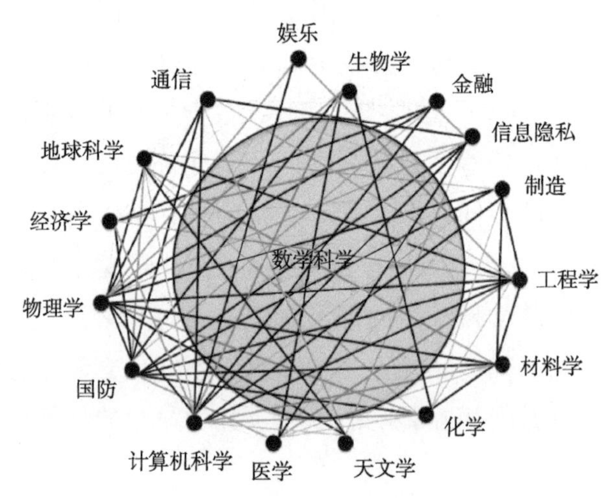

图 3-2　2012 年数学科学与其他学科的交叉

根据图 3-2 反映的现实，本报告采用了内容更广泛的“数学科学”的定义。数学包括与数学和统计学相关的各种创造和分析活动：表述数学和统计学的概念、系统和过程，不管开展活动的人员是否是数学家。这里说的数学当然也包括传统的数学科学领域。有许多科学与工程领域密切关注数学模型的建立和评估，探索数学模型的数值计算，分析大量的观测数据和计算数据，这些活动本质上都具有数学性质。目前对数学科学开展的一部分研究工作和对计算机科学或需要建模、分析的学科开展的研究工作之间没有明确的界线。委员会认为，如果数学知识和数学家在大型工作活动之间轻松地流动，数学科学的健康和生命力将得到极大的发挥。

那么，什么是“数学科学界”？数学科学界是指推动数学科学进步的全体研究人员。这个团体中的一些成员的专业可能包括数学科学在内的两个或多个学科（他们的专业背景体现在参加的会议、发表论文的期刊、拥有的学位和所属的学术部门）。这些“双重公民”在数学科学中发挥了重要作用，对数学科学的发展非常有益，同时也丰富了其他领域的工作方法。

从事交叉领域的研究人员数量庞大。包括地球科学、社会科学、生物信息学，专业统计学分支的其他领域的统计学家；科学计算与计算科学和工程领域的部分研究人员；为加密技术做出贡献的数字理论家，为机器学习做出贡献的分析师和统计人员；运筹学研究人员、计算机科学家、物理学家、化学家、生态学家、生物学家和依靠复杂数学方法的经济学家；另外，促进数学模型和计算机模拟的许多工程师也包括在内。现在的数学科学远远超出了支持数学核心领域的学术机构、资助机构、专业协会和主要期刊等给出的定义。

为了举例说明其他领域的研究人员在数学科学中发挥的作用，委员会统计分析了美国国家科学基金会（NSF）拨款的公开数据，以获知具体有多少与数学相关的研究获得资助，而不是简单地从以下方面获知：美国国家科学基金会数理科学部在数学科学期刊上可以断定是数学科学研究的，或研究成果的标题表明具有数学或统计学内容的。虽然该工作具有主观性，还远不够详尽，但它可以表明，美国国家科学基金会对数学科学的支持事实上比数学学部的支持更广泛。同时，还表明，从事数学科学研究事业的人数超过了传统上称为数学家的人群。这次研究活动表明：

- 2008—2011 年，在图论和算法基础领域的 262 篇论文获得了 NSF 计算与通信基金部（隶属于计算机和信息科学与工程局）提供的资助。

- 2004—2011 年，理论物理学领域的 148 篇论文获得 NSF 物理学部的资助。

- 2007—2011 年，运筹学研究方面的 107 篇论文获得了 NSF 工程局土木、机械和制造创新部的资助。

粗略的统计还包括，2009—2010 年，美国国家科学基金会生物科学部资助发表了 15 篇数学科学论文（由于研究工作的资助有时限，有数学科学内容的论文数量随时间发生变化，这些论文数量的计算跨越了不同的时间段）。作为比较，2010 年，NSF 数理科学部资助了 1739 篇论文。虽然 NSF 数理科学部在美国国家科学基金会数学研究支持者中占主导地位，但其他部门对数学科学的资助也做出了重要贡献。

同样地，美国工业与应用数学学会（SIAM）的会员数量表明，大量不属于数学和统计学的学术或工业部门的人员，加入了工业与应用数学学会的数学科学专业学会。图 3-3 显示了工业与应用数学学会非学生会员所属的部门。

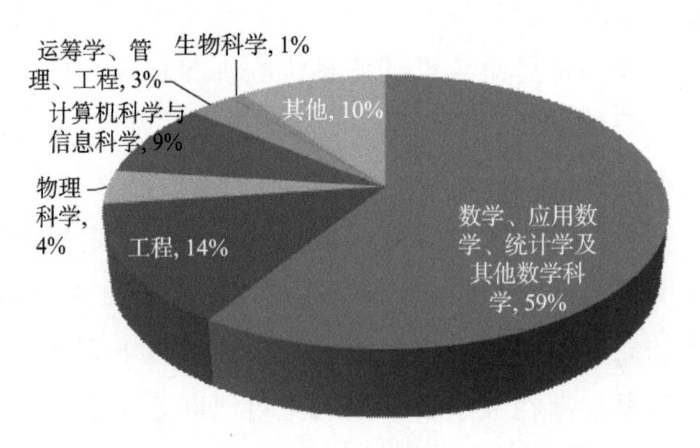

图 3-3　SIAM 成员分布在各主要部门的比例

图中显示抽样调查 6269 名 SIAM 非学生会员所在部门的结果

图 3-3 中工业与应用数学学会会员确定了他们所属的主要系别，且显示了 6269 名非学生会员所属的类别。

最近的一项分析试图用数据说明该学会与数学科学交界面的大小。研究发现，1971 年以来，50 个美国顶尖数学系的教职人员（他们处于图 3-2 中的中心部分），共发表了约 64000 篇《数学文摘》检索的研究论文（因此可以推断包含数学内容）。同一时期，相同 50 所大学其他系的教师发表了大约 75000 篇《数学文摘》检索的研究论文。这意味着，数学科学一半以上的研究，不在高校的数学系，而在其他系。高校数学系的研究范围无法反映数学科学的真实广度。

该分析还画一个维恩图，如图 3-4 所示，它有助于展现数学科学研究领域的知识范围有多大，它比大多数高校数学系的涵盖范围更广泛（图 3-4 还显示了数学系和非数学系的教学重点与其研究重点的区别）。

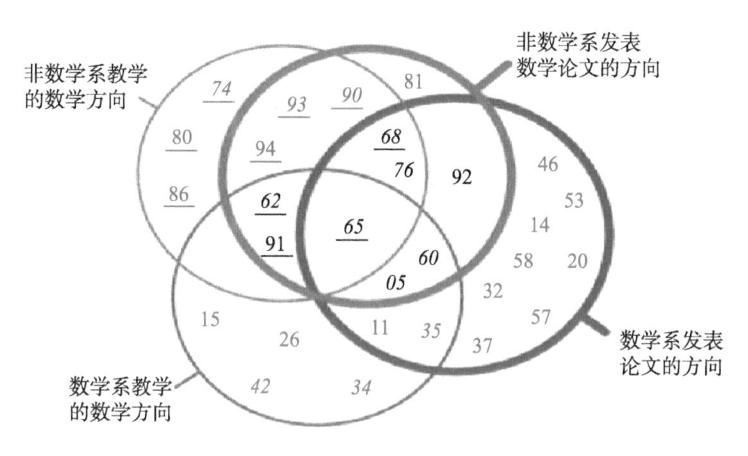

图 3-4　同一学术机构中数学系和非数学系科研与教学的数学方向①

发表论文最多的学科用斜体表示；教学最多的学科用下划线表示

图 3-4 中的数字对应于以下的 Zentralblatt MATH 分类：

05 组合数学；	60 概率论；
11 数论；	62 统计学；
14 代数几何学；	65 数值分析；
15 线性、多线性代数；	68 计算机科学；
20 群论；	74 变形固体力学；
26 实函数；	76 流体力学；
32 多复变数；	80 经典热力学；
34 常微分方程；	81 量子理论；

① 2011 年 Joseph Grcar，“数学真相：密集的师资与丰富的师资”中的图 8。《高等教育》61（6）：693-720。

35 偏微分方程；
37 动力系统；
42 傅里叶分析；
46 泛函分析；
53 微分几何；
57 流形、胞腔复形；
58 全局分析；
86 地球物理学；
90 运筹学；
91 博弈论、经济学；
92 生物学；
93 系统论、控制；
94 信息与通信。

3.3　数学科学拓宽的内涵

数学科学应用方式的大幅增加，拓宽了数学科学事业，由此带来了数学研究人员的数量增加、数学教学范围的扩大、数学研究广度的拓宽。如果数学的整体研究事业发展良好，新现象或新数据类型将激发对数学、统计学建模的重新思考，新技术的挑战将激发更深刻的数学科学问题，那么，传统意义上称自己为数学家的研究人员（图 3-2 中心椭圆的部分），将被由此带来的挑战所激励。

具有数学专业背景的很多人都在研究运筹学、计算机科学、工程学、生物学和经济学等这些领域的前沿问题，这种情况使委员会认识到，这些人的数学背景为他们奠定了基础，对于这些人而言，将数学科学作为统一的整体来考虑是自然的、有益的。许多数学家和数学部门无可厚非地只专注于数学核心领域，其他领域自然认为自己没有义务去保证核心数学的强劲和稳健。然而，整个数学科学的概念、结果、方法和人员可以方便流动更是至关重要的。数学科学界积极接纳各个领域的研究人员，他们会从知识上对数学科学做出贡献。

最近几年，同时学习数学和另一其他领域（从生物学到工程）的研究生数量急剧增加。西蒙斯基金会的“数学+X 计划”认可和鼓励这种趋势，提供了跨学科的教授职位，支持跨两个领域的研究生和博士后研究人员。如果这种现象与委员会看到的一样普遍，则显示出数学科学研究生教育为科学与工程做出了重要的贡献，以及数学与其他学科的交叉领域在继续增长。为了使数学科学理性地自我管理，使资助机构有效地将资源根据其目标进行配置，有必要开始收集有关该趋势的数据。

建议 3-1 美国国家科学基金会应系统地收集有关数学与其他科学相互影响的数据。例如，通过调查数学科学部门，获得其他部门研究生选修数学科学课程的人数，以及数学科学部门研究生选修其他部门课程的人数。收集这些数据的最有效方式是，要求美国数学学会扩大其年度调查的内容，以便将以上问题包括在内。

美国国家科学基金会数理科学部和其他资助机构的项目管理官员，意识到数学科学与其他学科之间许多的交叉重叠。现在有很多灵活资助的例子，数学家获得其他学科机构的资助，反之，数学资助机构也资助其他领域的科学家。数理科学部与美国国家科学基金会的其他机构开展不同程度的合作，通过正式的机制，如设计共同资助计划，和非正式的机制，如计划设置时考虑不同部门的建议，学部之间在评审时互相帮助等。为了使数学科学界更全面地了解其应用范围，帮助资助机构完美地对接他们的计划，委员会建议采取比以前更有条理的方法收集数据。

建议 3-2 美国国家科学基金会应该收集那些在基金委以外的其他地方获得资助且与数学科学相关的研究的数据。为了获得此类数据，应美国国家科学基金会数理科学部副主任的要求，美国国家科学基金会内部正在开展与统计学科学相关数据的研究。一项更广泛的研究将有助于数学科学界更好地了解其目前的影响力，帮助数学科学部定位其本身的投资框架，与其他资助渠道的资助互为补充。它将提供一个基线，从而反映该事业随着时间推移所发生的变化。其他资助数学科学的机构和基金会将从类似的自我评价中受益。

建议 3-1 和 3-2 中要求收集的数据，可以帮助整个数学界通过其专业学会，调整研究生培养，以更好地反映学生的实际行为。例如，如果大部分数学研究生选修数学以外的课程，无论是出于兴趣还是关注未来工作的机会，数学系都需要对此了解并采取应对措施。同样，跨学科领域的年轻教员，了解NSF的哪些部门曾资助过其领域内的工作也会有好处。虽然这种信息可以通过有针对性的谈话获得，但了解整个全貌对于研究人员仍是有益的，它可能会改变数学科学界认识自己的方式。

与企业界领导的交流情况将在第 5 章中详细论述，委员会被企业对具有数学科学技能的不同层次工人的需求规模所震惊。对数据分析师的需求在日益增长，对具有金融数学专业人员的需求也在不断增加，互联网企业以及所有的娱乐和博彩部门所带来的许多新挑战也需要数学家来应对。基于数学科学技能的就业市场还是一个新兴市场。这些行业领导者聘用的这些人只有小部分实际拥有数学和统计学学位，其他人员具有计算机科学，或者工程，或者物理学专业背景。既然这些专业背景对于雇主而言都是可以接受的，那么基于数学科学技能的工作机会一定会有很多，这在以下三个方面促进了社会发展：

（1）这些不断增长的应用领域给数学科学带来了挑战。数学科学在搜索技术、金融数学、机器学习和数据分析领域应用的不断增长给数学科学带来了新的挑战，这已是公认的事实。新的挑战将作为新应用反馈到数学科学界。

（2）数学科学教育工作者将需要具有其他领域的知识。数学科学教育工作者在为各个领域的学生传授数学技能方面发挥了重要作用。

（3）现在以数学科学为基础的大量职业，都要求改变数学和统计学本科生和研究生的课程。这将在第4章中讨论。

各行业对具有数学技能的人员的需求，如对数学科学家的需求和对非数学家但具有数学专业背景的人员的需求呈惊人增长趋势，表明数学科学界拥有很好的机遇。在过去，数学、统计学和许多科学与工程领域的研究人员必须学习数学科学课程。数学或统计学专业的本科课程，一直是很好的基础，是许多职业的“垫脚石”。但是，数学科学界认为他们仅由数学科学研究人员和数学教育工作者构成，而不包括更广泛的范围。随着越来越多的在职人员接受各级的数学科学教育，他们的职业发展越来越依赖于数学研究，这对于数学科学界扩展新专业类型而言，是一个机会。在许多大学，有大量的机会让本科生参加非学术活动，让研究生参加国家实验室或各行业的实习计划。还有一些国家实验室或政府机构有针对博士后或更高水平研究人员的研究机会。扩展各个层面上数学研究的机会将是受大家欢迎的发展趋势。有这种院系级研究经历的数学教师显得尤其重要。

在理想状态，数学科学界将对自身规模和影响有更清晰地认识。除了建议 3-1 和 3-2 中提到几项措施外，每年收集以下信息将使数学科学界更好地了解和改进自己：

• 汇集那些应用数学成果的重要新技术领域、专利和新兴企业的信息，估计与这些发展相关的就业形势；

• 汇集那些需要数学科学界来输送和培训人才的现有技术领域的信息，估计与这些领域有关的就业形势；

• 汇集那些具有重要数学科学内容的新的本科生、研究生课程的信息；

• 在数学科学中，计算出具有重要数学内容的职位数量与（不同层次）应届毕业生数量之间的比值；

• 分析曾获得联邦研究或培训资助的人员当前的就业情况，确定他们现在是就职于美国的大学、国外的大学、美国或国外的企业，还是美国或国外的政府部门、军事领域等；

• 汇集和分析与数学家合作的信息。

数学科学的专业学会与一些资助机构合作，可以建立这样的数据库，帮助数学事业向前发展。但是委员会也清楚地知道收集这些数据会面临挑战，数据很可能不准确、不完整。

3.4　扩展的两个主要动力：计算和大数据

计算和大数据的结合，促进了数学科学作用的巨大扩展：①今天的科学、工程和技术领域都拥有广泛的计算能力，从而会依赖于数学模型的模拟；②数据量的爆炸性增长，达到了只能通过数学和统计学方法处理的量级。因此，计算和大数据两个领域已经成为数学研究及扩大其在产业界影响的主要驱动力。毫无疑问，计算和大数据是密不可分的，其他领域的研究工作需要数值模拟和大数据分析两个领域的专业知识也将成为常态。

在讨论计算和大数据这两个主要驱动力之前，首先要指出，大量数学科学研究仍由数学内部动力驱动，即由研究人员的好奇心驱动，以解决数学自身发展问题（几百年来，“好奇心驱动”这一常用词语低估了这一方式的巨大效益）。委员会在与许多数学家的对话中，经常听到的意见是：对于一个特定的研究领域，他们不能预测是否将会产生新的重要进展。多年来，虽然某些主题的活跃程度有了重大转变，例如，概率方法重要性的日益提高、离散数学的兴起、贝叶斯统计越来越多地得到应用，但委员会并没有预测最有可能产生突破的主题。委员会认为，各基金资助机构仍然应该重点资助和支持与数学相关的任何领域的卓越成就和全范围的数学科学研究。

加拿大的一项有关“全国数学和统计学长期计划”的新研究得出了类似的结论：

我们很难预测未来几十年哪些数学分支领域和统计学领域能为创新做出最大的贡献。事实上，所有数学和统计学的领域对创新都很重要，但可能需要很长的时间才能显现，而且数学与其他学科本质上的联系很可能会令人惊讶。现在我们认为，很抽象且不具有明显应用的许多数学和统计学领域，在将来可能会以我们目前无法想象的方式使我们受益。一方面，我们需要灵活的，而不是按分支领域规定性地进行的资助体系。我们必须有这样的一个科研资助体系：能够涵盖广泛的基础研究和应用研究，并能够顾及数学研究本身的变化特征。另一方面，我们要建立和维护数学研究的基础设施，将数学和统计学联系成为战略发展领域，鼓励跨科学、工业和社会的有效的技术转移和创新。

3.4.1 计算

随着科学、工程、政府和企业越来越多地依赖于复杂的计算模拟，而计算模型本质上是数学的，因此应当加强这些部门与数学科学之间的联系。

从而这些领域将依赖并受益于数学科学的进步和健康发展。同样这些部门也越来越依赖于大数据的分析。

这并不是说任何人在建立数学模型、进行计算机模拟和分析数据时都需要数学家（虽然对于新颖或复杂的工作，数学家的参与是有益的）。但有一个事实是：越来越多的科学家、工程师和商业人员需要或者受益于更高水平的数学科学课程，这也加强了各学科之间的联系。在硅片上对复杂现象的模拟和万亿量级复杂数据的分析，推动了数学科学前沿研究的发展，同时也对那些以前在工作中学习过必要技能的人员提出了挑战。随着计算复杂性的增加，需要专业数学和统计学知识的地方越来越多。

有些读者可能会认为本章提及的很多主题，属于计算机科学领域而不是数学科学领域。事实上，很多提及的主题都跨越了两个领域，它可以被归属于其中任何一个领域。例如，无论是在数据库中还是在因特网上，数据搜索过程都需要计算机科学研究的产品以及那些源于数学科学的建模和分析工具。理论计算机科学本身的挑战事实上都是数学问题，科学计算和机器学习领域是数学科学和计算机科学的交叉领域。大多数数学建模、数值模拟和数学分析都建立在计算机科学和数学两个学科的基础上，数学、统计学和计算机科学等领域的研究人员都具有非常相似的专业背景。当然，也有大量数学科学研究与计算机科学研究没有什么共同之处，还有大量计算机科学研究与数学科学关系不大。

很多跨科学、工程和医学的人员都学习过一些数学、统计学知识，那我们为什么还需要专攻数学科学的人员参与到跨学科团队中来呢？这是因为数学科学研究人员不仅创造了转变为应用的工具，同时又是创造性的合作伙伴，能恰如其分地将数学科学成果应用于不同的问题。由于数学专业人员与其他领域人员的合作可能会产生突破性能力，所以完全值得我们花时间去建立跨学科团队。从教材、软件中获取的数学和统计学知识往往不够用，因为：①科学技术在不断发展，“书架上”的技术不可能完全是尖端技术；②针对特定情况、特定问题的解决方案往往比通用的方法更有效。对于数学科学合作者而言，好处同样是双重的：①其他领域新的挑战性问题，可能激发数学科学内部的新问题，促进数学科学自身的发展；②数学科学的技术和见解可能产生更广泛的影响。

将成熟的数学模型应用到有趣的现象，如物理学和工程等应用领域，研究人员能够利用近几十年来在计算和数据采集方面的巨大进步，研究更复杂的现象，进行更精确的分析。相反，在缺乏数学模型的应用领域，计算能力和数据增长允许使用替代模型进行模拟计算，允许使用经验产生的关系作为研究手段。

现在计算机模拟可以指导研究人员，开展哪些实验，如何解释实验结果，建立哪些原型，哪些药物治疗可能有效等。事实上，模拟自然现象的能力通常会考验我们理解自然现象的能力。过去 10—15 年，计算能力的发展达到了极限，马尔可夫链-蒙特卡罗方法等统计方法和大规模数据挖掘与分析变得可行，这些方法在很多情况下有很大的应用价值。

例如，在一次会议中委员会看到，由索尔克生物研究所的 Terrence Sejnowski 研发的生化活性模拟，是直到最近才得以实现的，它是基于数学科学和计算机科学前沿的计算机模拟的杰作，我们利用它对复杂的生物现象进行了新的研究。另一个例子是，过去大约 30 年，超声波检查取得了许多进展，从提供静态图像到动态显示心脏跳动图像，到最近能看到整个婴儿在子宫内的发育情况。超声波技术的数学基础是要解决反问题，并从纯数学分析、流体与弹性介质的波传播理论，以及更多实践领域（如快速数值方法和图像处理）中汲取技术和成果。随着超声波技术的进步，我们需要应对新的数学挑战。

为美国国家科学基金会数理学部咨询委员会撰写的一篇文章，确定了支撑计算科学与工程的五个“核心要素”：

（1）软件的研发和长期保存，包括新的和“主要的”团体代码、开源代码、新代码和非常规体系结构的代码。

（2）开发用于确认、验证和不确定性量化的模型、算法、工具和技术。

（3）为超大型数据集开发工具、技术。

（4）开发用于数学与物理科学界的合作、共享、再使用和再利用软件和数据的网络工具。

（5）下一代计算科学家的教育、培训和职业发展。

数学科学从根本上为上述除（4）之外的所有目标做出了贡献。

计算科学和工程的绝大多数工作可以由该领域的研究人员开展：他们知道如何建立所研究现象的数学模型，同时有足够多的标准数值求解工具。即使这样，一些专业的数学知识也是必要的。例如，了解如何、何时为流体流动添加“人工黏性”，如何处理常微分方程组中的“刚性”，然而，许多学科的数值建模人员已经具备了这种程度的数学技能。随着被建模的对象越来越复杂，可能需要不同尺度和不同类型的数学模型之间的专业衔接，专业的数学技能会变得越来越重要。如果没有专业的数学技能和经验，计算模型可能不稳定，甚至会产生不可靠的结果。这种复杂模型的验证，需要非常专业的经验，量化其不确定性的重要任务极具挑战性。在寻找大数据的模式时（这将变得越来越普遍），如果只凭经验建立模型，可能存在很多不合理的联系。在这种情况下，研究小组必须具备强大的统计学能力，以便获得可靠的知识。

为了应对巨大的计算能力的需要，擅长科学计算的数学家的团体将不断壮大。骨干研究人员开发出了网格和计算图形等改进的求解方法和算法。新计算机体系结构将激发这方面更多的工作。这一趋势将产生更广泛的数学科学挑战。例如，微分方程理论面临的挑战是：如何构造出能分析多尺度模型近似值的结构；我们需要更强的模型验证方法；我们需要开发和描述算法；我们需要解决计算机科学的理论问题等等。“软件”——在计算机上模拟现实的手段，将为数学科学带来众多挑战。

扩大的计算与数据资源导致科学领域“数学化”的一个典型例子是：基因组学出现之后，生物学变得更加量化，更加依赖于数学和统计学建模。在过去 10—15 年，大量的生物学数据，一直是新统计学研究的重要驱动力。基因组学和蛋白组学的研究以充满挑战的方式强烈依赖于数学科学，同时随着基因组学和蛋白质组学的信息成为研究基础，疾病、进化、农业和其他主题的研究也会随之成为定量研究。值得期待的是，这方面的发展使得统计学人员成为其中一个最热门科学领域中的重要参与者。未来 10—15 年，基因组数据的获取将更容易，阐明生物过程也将变得越来越容易。生物学的很多工作都依赖于统计学知识，数学也会为之提供基础：图论的方法在进化生物学中发挥了重要作用；离散数学和计算机科学提供的新算法在搜索、比较和知识挖掘方面发挥了重要作用；动力系统理论在生态学中起着重要作用；更多传统的应用数学常应用于计算神经科学和系统生物学。随着生物学从描述性科学转变为定量科学，数学科学将发挥巨大的作用。

社会科学也在不同程度上应用了数学科学的工具，特别是统计数据、数据分析和模拟。疾病传播的统计学模型对于疾病传播的模式和路径提供了非常有价值的观点。企业，尤其是金融和市场营销，越来越多地依赖于数学科学方法。人文学科的一些话题也得益于数学科学方法，特别是数据挖掘、数据分析和新兴的网络科学。

对医疗卫生领域中与数据相关的决策，数学科学的贡献越来越大。将运筹学应用于医疗保健服务过程的建模，使它们能够有条不紊地得到改善。这些应用使用了不同形式的模拟、离散优化、马尔可夫决策过程、动态规划、网络建模以及随机控制。随着医疗卫生业务向电子医疗档案的转变，出现了海量的、待分析的数据。这些数据不是对照试验的结果，所以我们需要新的方法。“比较效果研究”的新领域，很大程度上依赖于统计学，其目的是建立某种类型的数据，描述各种医疗干预措施的有效性，以及它们对特定类型患者的价值。

3.4.2 大数据

本书中我们几次都提到数据量的爆炸式增长，这对数学科学提出更高的要求。这种情况在过去的许多报告中也屡次被提及，但在过去的大约 15 年间已经变得非常真实。大数据时代到来的标志是：在 2012 年 3 月白宫科学技术政策办公室大数据研究和发展计划的开幕仪式上，科学技术政策办公室主任约翰·霍尔德伦（John Holdren）尖锐地指出：“数据本身不能创造价值。真正重要的是我们能够从数据中获得新见解，从数据中认识关系，通过数据进行准确的预测。我们的能力，就是从数据中获得知识，并采取行动。”目前正处于通过分析从原始数据获取知识的阶段，而数学科学对此是必不可少。大型复杂数据集和数据流在激发数学科学的新应用研究上发挥了重要作用，而数学科学的进展对于数据中的信息挖掘非常必要。

人们还没有认识到数学科学在大数据方面的作用。科学技术政策办公室大数据研究和发展计划的目标是：发展那些用于收集、存储、维护、管理、分析和共享大数据的核心技术；利用这些技术加快科学和工程发现的步伐；加强美国国家安全；改革教育和学习；增加开发和使用大数据技术的劳动力。这似乎低估了从数据中获得知识所需要的智力付出的量。

在大数据集背景下，出现了许多基本方法的问题。一些问题源自基本问题的延伸：为中、小数据量数据集开发的技术，无法用于现在的海量数据集；一些源自数据流问题：随着分析的进行，数据集会发生变化。典型问题包括：如何提高数据的信噪比，如何迅速检测新的、不同的状态（异常检测），什么样的算法/数据结构解析可以快速地对常见统计模型进行计算，什么样的硬件方法能够实现高效快速的并行计算。高维数据提出了新挑战：统计推断的新范式源自对大型复杂数据集性质的理解，而对大型数据集性质的理解又源于为大型复杂数据集的形成建立最优模型的过程。不是所有的数据都是数字的，有些数据是分类的、有些数据是定性的。数学家为处理数字和非数字的数据以及处理数据过程中的不确定性提供方法和技术。我们需要对数据采集过程中的噪声进行建模，在可能的情况下尽量降低噪声。一个新算法在增强分辨率方面可能与新仪器一样强大。通常情况下，观测到的数据并不是人们最终想要的数据。这样的结果是一个反问题：收集数据的过程对数据施加了一个非常复杂的变换，需要计算算法对过程进行反转。雷达是一个典型的例子，我们根据雷达上反射的无线电波重建物体的形状。对于大数据集，简化数据，寻找其底层结构非常重要。普遍的总体目标是降维。降维是指通过大量测量获取数据，找到足以体现数据集基本特征的测量组合。线性代数和统计学的各种方法正被使用并不断改善，实分析和概率论方法中（如随机预测和扩散几何学）越来越深奥的结果正得到运用。

统计学家具有处理实际复杂数据的长期经验：当数据采集过程出现问题时，如何进行检测；如何区分哪些是重要的异常值，哪些是来自测量误差的异常值；如何设计数据采集过程，以实现所收集数据的价值的最大化；如何清理具有不可避免误差和差异的数据。随着数据集增至TB和PB级，现有的统计学工具已经不能满足需求，我们必须不断对统计学工具进行创新。在海量数据领域，长期的范式可能被打破，例如，误报可能成为常态而不是异常，更多的研究工作需要强大的统计学专业知识。

例如，在大部分数据密集型问题中，会有大量的观测结果，我们的挑战与其说是如何避免被小样本观测数据误导，还不如说是如何能检测到其相关的模式。正如《纽约时报》所指出的："在一个又一个领域，计算和Web创造了新的数据领域，如探索传感器信号、监控录像、社会网络聊天、公共记录等。"这要求机器学习、统计学的研究人员开发新算法，根据经验数据（如传感器数据、互联网上的数据流）进行结果预测。在新算法中，人们使用数据样本，发现感兴趣的事情和解释变量之间的关系。参与这方面工作的数学家，结合数据建模、不确定性管理和统计学中的最佳做法，可以获得关于应用领域以及计算机实现方法上的见解。预测问题无处不在：在金融和医疗行业存在，当然，它对现代经济也至关重要，Netflix、谷歌和Facebook等企业都依赖于预测问题方面的进展。当前的发展趋势是：过去，统计学研究生进入制药公司设计临床试验，现在，统计学研究生越来越多地就职于互联网公司和电子商务领域公司。

在浩瀚如海的数据中获取想要的知识，这依赖于搜索算法。这是一个会不断扩大的问题，因为这些算法要搜索数据库，而数据库中的数据可能包括文字、数字、图像和视频、声音、问题调查问卷和其他类型的数据，它们以不同的方式联系在一起。随着数据规模的增大，这些方法需要变得越来越"智能"，因为简单地找到匹配项，并给出一个点击量的有序列表是远远不够的。我们需要继续研发新的机器学习技术以满足这一需求。另一方面，数据通常以网络的形式出现，而对网络进行数学计算和统计学分析则需要新的方法。

统计决策理论是统计学的分支，专门利用数据实现最佳决策。与传统统计学不同的是，除了概率方面的分析，它还会将成本和各种结果的价值整合到决策信息中。这对于科学技术政策办公室大数据计划中设想的许多项目都很关键。例如，医疗保险和医疗补助服务中心的计划是利用行政索赔数据（医疗保险）改进决策，而美国食品和药物管理局正在建立虚拟实验室环境，将把“先进的分析和统计工具和能力以及众包分析，用于预测和促进公众健康”。他们已挑选出更好的决策，作为最有前途的方法之一去遏制不断上升的医疗成本，同时优化患者的治疗效果，在这个问题上统计学处于核心地位。

统计学、理论计算机科学和数学的思想为机器学习和统计学习理论提供了越来越多的方法：主成分分析法、最近邻技术、支持向量机、贝叶斯网络和传感器网络、规范学习、强化学习、稀疏估计、神经网络、核方法、基于树的方法、自助法、boosting 算法、关联规则、隐马尔可夫模型和独立成分分析。在机器学习领域，新的思想会被快速推出，并且相比现有方法，新方法会更有效，但同时新问题也会不断出现。

大数据需要高水平的计算复杂性，而小规模数据则很容易实现这些操作，如在不同机器之间移动数据、将数据导入或导出存储器、可视化数据，或显示结果，但大数据都需要真正的算法创新。随着数据集越来越庞大，在同一个地方收集数据，并将这些数据作为一个整体进行分析将不再可行。因此，我们可能需要分布式算法，分析数据子集然后将结果集中，从而理解整个数据集。当我们希望使用新数据来更新模型参数，而不需重新分析整个数据集时，将面临数据同化的挑战。比如，当新一轮的数据到达，需要对各子集进行独立分析并要以自适应方式对模型和推理进行改进时，我们可以使用流算法。数学科学以重要的方式对大数据的新算法和分析方法做出贡献，就像对其他领域一样。

对于大数据，通常要简化数据，寻找其底层结构。数据降维是较普遍的做法。降维是指利用部分数据的组合，来体现整体数据集的基本特征。

我们可以使用线性代数和统计学知识，以及实分析和概率论中深层次的结论（如随机预测和扩散几何学）来进行不同方式的降维，以用在不同的环境，但降维的方法仍有改进的空间。这些问题对于美国国家科学基金会的核心技术和推进大数据的科学与工程技术非常重要，对于气候、基因组学和灾害预防的数据也很重要。与搜索和降维相关的是异常检测问题，即检测大系统中不正常、危险的变化，通常这是一个“大海捞针”的问题。美国国防部高级防御研究计划局（Defense Advanced Research Projects Agency）的多尺度异常检测计划关于“大规模数据集中的异常检测和表征”，特别关注“内部威胁检测，其中根据日常网络活动背景检测个人的异常行为”。广泛的统计和机器学习技术可以派上用场，其中一些技术从原来用于质量控制的统计学技术发展而来，另一些来自由数学家为检测信用卡欺诈而开发的技术。

非常重要而又极难分析的两种数据类型是文字和图片。“文本挖掘”和“自然语言处理”技术：从各种文本源头发现和提取信息，并建立能够描述“语言与语法结构如何生成”的概率模型。“图像处理”“机器视觉”和“图像分析”技术：试图将充满噪声的图像转换为人眼可处理的形式，或完全绕过人眼，在没有人干预的情况下在计算机上理解和表示图像中正在发生的事情。

与图像分析相关的是“找到描述形状的合适语言”这一问题。对于这一问题，从水平集到“特征形状”的多种方法与微分几何共同发挥了核心作用。作为该问题的一部分，我们需要描述形状小幅度变形的方法，这通常要用到微分同胚空间几何形状的一些知识。形状分析也开始在虚拟手术中发挥作用，如对患者进行手术之前，可在计算机上对手术结果进行模拟或对手术进行远程操作。这里，人们需要用到基于差分方程描述组织力学的数学建模技术，以及形状描述技术和可视化方法。

数据必须受到保护。出于隐私和安全需要，已经产生了基于隐私保护的数据挖掘和加密计算，人们希望在不损害个人隐私的前提下分析数据集，并在数据集保持加密状态的情况下对其进行计算。

3.5　数学科学对科学与工程的贡献

数学科学和科学与工程之间的相互影响有着悠久的历史。这种相互影响为促进科学与工程发展提供了工具和知识。同时，科学与工程的发展推动了数学前沿研究的发展，并为数学科学提出了新的挑战。数学和物理学之间的相互影响已在第 2 章叙述，但影响范围远远超出了物理学。要说明其他领域到底有多依赖于数学科学，我们可以研究这些领域本身对数学科学的促进作用，并识别出那些依赖于数学科学中与之相平行进展的方向。许多这样的例子可见附录 D。

3.6　数学科学对工业的贡献

数学科学在工业中发挥作用有着悠久的历史，可以追溯到埃及人每年在尼罗河洪水之后用 3-4-5 直角三角形修复农场边界的时期。当今，数学科学对工业的作用显著增强，并多样化。在传统工业中，数学科学的作用也在不断增强。例如，航空业长期利用数学知识设计飞机机翼，利用统计学进行生产质量控制，目前数学科学对于 GPS 和导航系统、模拟设计的结构安全和优化生产流程也至关重要。数学科学不只是用于汽车模型简化和运输流量建模，还涉及最新的发展，如车辆自动检测和避让系统设计，也许有一天将促进自动驾驶的产生。长期以来，统计学一直是医学试验的关键因素，现在数学科学还涉及药物设计和肿瘤药物传送新方法的建模，数学科学对于“不允许双盲、随机临床试验”情况下的推断至关重要。曾经，金融业主要利用统计学设计风险最小化的投资组合，以获得给定的收益水平，现在，金融业会利用统计学、机器学习、随机建模、优化和新网络科学进行定价和设计证券及风险评估。

最引人注目的是，将数学科学作为组成部分（往往作为关键推动力量）的新兴产业的数量大幅增加。加密行业利用数论，使互联网电子商务成为可能。“搜索”行业依赖数学科学的思想，使互联网信息的大量资源变成可检索的。社会网络行业利用图论知识和机器学习技术。动画和计算机游戏行业使用如微分几何与偏微分方程等技术。生物技术产业大量利用数学对药物的作用进行建模，寻找与人类疾病、生物工程有机体有关的基因，以及发现新药物并了解它们是如何发挥作用的。影像行业利用微分几何和信号处理的思想，实现微创医疗及获得工业图像，在医学上利用来自反问题的方法设计有针对性的放射疗法，并利用计算解剖学的新领域实现远程手术。在线广告行业采用博弈论和离散数学的思想，对在线广告进行定价与投标，并利用统计学和机器学习的方法决定如何投放这些广告。营销行业采用先进的统计学和机器学习技术、锁定客户、选择新店铺的位置。信用卡行业利用多种方法检测“欺诈”和“拒绝服务”的攻击。政治竞选通过整合有关选民情况的复杂模型并结合民调结果，对“大选之夜”的结果进行预测。半导体行业利用优化的方法，设计计算机芯片，以及模拟材料的生产过程和性能。数学科学几乎涉及每个行业，所用的数学科学应用范围之广在以前是不可想象的。

作为案例，美国工业与应用数学学会的一份报告——《工业中的数学》说明了数学在工业中的应用，并介绍了在工业中使用数学科学的各分支领域：

- 预测分析；
- 图像分析和数据挖掘；
- 交付的调度和安排；
- 数学金融；
- 算法交易；
- 系统生物学；
- 分子动力学；
- 患者整体模型；
- 石油盆地建模；
- 虚拟样机；
- 产品工程的分子动力学；

- 多学科设计优化与计算机辅助设计；
- 机器人技术；
- 供应链管理；
- 物流；
- 云计算；
- 复杂系统建模；
- 计算机和电视屏幕设计的黏性流体流动；
- 智能城市的基础设施管理；
- 电脑系统、软件和信息技术。

读者可以阅读工业与应用数学学会的这份报告，查看这些案例研究的细节。此报告介绍了数学科学的技术和成果对创新力、经济竞争力和国家安全产生重大影响和具有“节省成本”效果的许多例子。

有关工业中的数学科学的另一份报告得出了以下结论：

（1）在现实生活的数学应用日益复杂的情况下，有效利用数学建模、模拟、控制和优化的能力，将是欧洲和全世界科技和经济发展的基础。

（2）在制约因素越来越多的情况下，只有数学科学可以帮助工业优化更复杂的系统。

该报告也指出了以下事实：

“工程”设计者利用依赖于数学的虚拟设计环境并生产出新产品，这些工作已得到管理人员的充分认可。但是设计者对于建设可靠、稳定和高效的虚拟设计环境的重大努力，却并未得到认可。因此，数学通常并不被认为是工业的关键技术。解决该情况，通常是将数学技术留给专门的小企业，这些企业通常是建立在学术界提出的数学和软件解决方案的基础上。遗憾的是，这些企业与其学术合作伙伴之间的交流非常少。导致工业上“昨天”的问题可以得到解决，“今天”和“明天”的问题不能解决。如果大幅度改善工业设计者和数学家之间的沟通，工业上“今天”和“明天”的问题就可以得到充分解决。

解决工业设计者和数学家之间沟通问题的一种方法，是将高素质的数学家纳入企业的研发部门。

工业与应用数学学会在 1996 年的《工业中的数学》报告中指出，数学在工业中最成功的应用案例表现在以下几个方面：

- 建模与模拟；
- 问题的数学表达；
- 算法和软件开发；
- 问题解决方案；
- 统计分析；
- 验证正确性；
- 准确性和可靠性分析。

欧洲科学基金会 2010 年的《数学与工业》报告（第 12 页）对此列表添加了最优化方法，并指出："随着计算能力的提高和加速算法上取得成绩的增多，产品优化已经成为现实，这对于工业至关重要。"这是非常重要的发展，为数学科学带来了新的挑战，即如何有效地探索设计方案，如何表征空间中计算采样的不确定性。

中国科学院 2010 年的《中国科技：2050 年的路线图》报告认可了数学在工业中应用的各种各样的机会。该报告确定了对社会经济发展具有重要意义的八个系统：可持续能源与资源、先进材料与智能制造、无处不在的信息网络、生态和高附加值农业和生物产业、医疗保障、生态环境保护、空间和海洋探索，以及国家与公共安全。为了支持这些系统的发展，该报告还确定了 22 项科技计划。其中 3 项计划以数学科学为基础，即创造"无处不在的信息化制造系统、发展超大规模计算技术、数学与复杂系统的跨学科基础研究"。

上面提到的第 3 项计划的目的是，研究"各种复杂系统背后的基本原理"。该报告建议，数学应在以下研究方向做出努力：

- 数学物理方程；
- 复杂系统的多尺度建模与计算；
- 机器智能和数学机械化；

• 随机结构与数据的理论和方法；

• 多智能体复杂系统的集体行为及其控制和干预；

• 复杂随机网络、复杂适应系统，以及相关领域。

该报告建议，鉴于复杂系统的重要性，中国政府应为这些系统的研究提供持续稳定的支持，以便能够在这一重要领域取得重大成就。

数学科学在工业中发挥作用的另一个例子来自美国国家研究委员会的报告——《2020 年富有远见制造业的挑战》，该报告认为“研究与开发”（R&D）对发展国家制造业能力来说是必需的。许多制造业的能力都依赖于建模与模拟、控制理论和信息学的研究：

• 制造系统的模拟最终将依赖于“对工艺特点的统一分类”，包括工艺模型中人的特点。其他研究领域包括自适应系统的一般理论，自适应系统可以转化成制造过程、系统和制造企业；能够优化选择最实惠制造方法的工具；工人和制造工艺之间相互作用的系统研究，以便获得自适应的、灵活的控制。

• “评价工艺和企业情况的建模和模拟能力”对于可重组企业的发展很重要……制造工艺和系统的虚拟原型将使制造商能够评估那些优化自己企业的广泛选择。可重构系统建模与模拟技术有前途的应用领域，包括优化重构方法的神经网络和进行决策的人工智能……能够被适应或易于重新配置的工艺，将需要灵活的传感器和控制算法，这些算法会为一系列的工艺和环境提供精确的过程控制。

• 企业建模工具的研究，将包括“软”建模（例如，将人的行为作为信息流与通信系统和模型的元素的模型）、混合模型的优化与整合、硬件系统的优化、组织结构和跨组织行为的建模，以及复杂非线性系统和流程的建模。

• 未来的信息系统将能够收集和整理大量信息。

2012 年美国白宫科学与技术政策办公室的报告——《捕捉先进制造业的国内竞争优势》指出，今天对先进制造业的重新重视，也依赖于数学科学的进步。该报告确定的 11 个交叉技术领域，是 R&D 投资的最佳候选领域，这些领域在很多方面依赖于系统的建模、模拟和分析，大量数据的分析，控制和优化。

3.7　数学科学对国家安全的贡献

国家安全非常依赖于数学科学。美国国家安全局拥有约 1000 名数学家，当然，这个数字可能会减半或者加倍，取决于与数学交叉领域的研究人员是否定义为数学家。美国国家安全局每年雇佣 40—50 位数学家，并试图保持稳定的增长速度，让数学科学界知道具有数学专业背景的人可以在国家安全局找到工作。美国国家安全局希望美国数学科学界健康发展，有足够多的经过良好数学教育的美国公民。美国国家安全局雇佣具有数学专业背景的人员大部分拥有研究生学历，其中硕士学位和博士学位约各占一半。美国国家安全局招聘的数学科学人员的学科背景几乎覆盖数学科学的所有领域，而不是数学科学某一特定分支领域，因为没人能预测数学科学的哪个分支领域对国家安全的贡献最大。例如，一些数学家在数十年前猜测椭圆曲线对美国国家安全局具有重大意义，而现在椭圆曲线成为密码学的一个重要基础专业。

密码学很明显依赖于数学，数学科学和国家安全之间还存在许多其他联系。一个例子是网络分析，它对于国防至关重要。另一例子是科学计算。约翰·冯·诺伊曼（John von Neumann）创造第一台计算机的原始目的之一是，为了模拟氢弹中发生的情况，需要进行必要的计算。多年以后，随着空中核实验和地下核试验的禁止，美国再次依靠模拟，这一次是为了保持其核武器库的备用状态。由于国防依赖于尖端设备设计和制造，数学科学对先进工程设计和制造做出了重要贡献，因此，国防还是依赖于数学科学。国防使用的数学工具的复杂程度逐渐加大。数学科学对于后勤、模拟训练和测试、军事演习、图像和信号分析、卫星和航天器的控制，以及新设备的测试和评估，也是必不可少的。如《推动创新与发现：21 世纪的数学》报告中的图 3-5，显示了数学科学对国防做出的各种贡献。

在战场上或战场外的新设备产生了超过目前可以分析的、令人目不暇接的数据量。如何能够自动分析战场上或战场外的新设备产生的大数据，是数学和统计学面临的巨大挑战。我们能否编程，让计算机自动分析一张卫星图像，以检测建筑物和道路，并分析图像中非季节变化因素导致的某一位置何时出现重大变化。如何通过分析高光谱数据（这些数据度量了所有频率频谱的反射光）来检测化学武器工厂的烟柱？能否在杂乱环境中识别敌方车辆和船舶？这些问题本质上都依赖于数学科学的进步。

(a) 数学科学用于规划后勤、部署，以及复杂军事行动

(b) 数学模拟可以预测烟雾、化学和生物战剂在城市地区的蔓延

(c) 数学与统计学为战术行动中的控制和通信提供工具

(d) 数学可用来设计先进的装甲车

(e) 信号分析和控制理论对于无人驾驶飞机是必不可少的

(f) 大型的计算程序用于设计飞机、模拟飞行路径和人员培训等

(g) 信号处理为通信能力提供便利

(h) 移动翻译系统采用语音识别软件，以减少没有人类语言学家语言障碍。更一般地，以数学为基础的模拟可用于任务和专业培训中

(i) 卫星制导武器利用GPS实现高精确定位，而数学方法促进了弹道学的发展

(j) 在车辆设计中，建模与仿真有利于权衡分析，而统计学支持了测试和评估

图 3-5　数学在国防中的应用

以前没有出现过的一个非常严重的威胁是：关键性的网络在不断地遭受来历不明的盗贼、恶作剧者和黑客的复杂攻击。随着网络攻击日益复杂化，基于数学科学的自适应技术在可靠地检测和预防网络攻击、制定预防和防止网络攻击的新策略方面将发挥重要作用。

目前，美国国防部遴选了 7 个科技领域，优先对它们进行投资，以维护国家安全。

（1）数据决策：依靠数据决策的科学和应用领域，以减少分析和使用大型数据集所需的周期和人力。

（2）工程化弹性系统：工程化的概念、科学和设计工具，用于防御武器系统的恶意妥协，以及用于发展灵活的制造业，以制造出值得信赖和放心的防御系统。

（3）网络科学与技术：发展有利于提高网络效率的科学和技术。

（4）电子作战/电子保护：新概念和新技术，以保护系统，并扩展整个电磁频谱的能力。

（5）反击大规模杀伤性武器：提升美国国防部定位、保护、监控、标记、跟踪、拦截、消除和追溯大规模杀伤性武器和材料的能力。

（6）自主系统：实现自主系统的科学和技术，在各种环境中安全可靠地完成复杂任务。

（7）人类系统：增强人机界面的科学与技术，提高执行广泛任务的生产力和效率。

数学科学显然在优先领域（1）和（3）中发挥了重要作用，数学在支撑其他优先领域上也发挥重要作用。数学科学的进展使得我们能对复杂系统进行基于模拟的设计、测试和控制，这样的工作对于创建弹性系统是必不可少的。一些信号分析与处理方面的改进性方法（如关于模式识别的更快的算法、更敏感的方案）对发展电子作战和保护的能力至关重要。我们应用数学为分析社会网络而快速开展的工具（基于网络统计分析的新方法），也用于提高反击大规模杀伤性武器的能力。机器学习方面的数学科学方法，对于提高我们的自主性和人机界面能力是必要的。计算神经科学在很大程度上依赖于数学科学，同时它也是人机界面未来较有前景的发展方向。

“威胁检测”领域通常需要数学科学的多种技术。如何快速检测生物恐怖袭击引起的病原体传播的模式？如何理解恐怖主义网络结构？能否设计出具有最佳抵御攻击能力的电网、交通运输网络？一个新的威胁是不断升级的网络战。反击网络战涉及数学科学的多个领域：更好的加密、优化的网络设计，新兴的数学和统计学密集型异常检测技术。

第 4 章

数学科学的重要发展趋势

本章重点内容包括："2025 年数学科学委员会"在会议中收集的集体经验，确定了影响数学科学发展的趋势；这些趋势还将继续，因此委员会要求专业人士、学术部门、大学管理人员、专业协会和资助机构等据此支持数学学科的发展，并调整从现在到 2050 年期间对数学科学的支持方式；委员会对必要的调整方案提出了适当的建议。

4.1 日益重要的数学科学交叉研究

通过与最优秀的研究人员（附录 B）的交流，并结合委员会成员的经验，委员会得出结论：过去 20 多年里，数学各分支领域之间的联系及数学与其他学科领域之间的联系已经变得越来越紧密。过去 10—15 年，这种发展趋势变得更加快速，各种迹象均表明这种联系在未来几年依旧会非常重要。有两种类型的联系：

（1）数学科学各分支学科之间相互交叉与渗透融合，并表现出越来越紧密的联系，出现了许多跨了两个或几个分支学科的新研究方向，这种趋势变得更加快速。

（2）被其他科学、工程、商业、医药等领域推动的数学研究或应用于科学、工程、商业、医药等领域的数学研究不断增多，所有这些研究都与数学科学有交叉，并且研究机会也有交叉。

数学科学与其他科学的交叉已在第 3 章中重点讨论。本节重点讨论数学科学内部各分支学科之间的相互交叉的发展趋势。

内部驱动的数学科学研究，越来越多地涉及两个或几个分支学科领域的交叉与融汇。最近几年一些突破性进展都建立在不常联系在一起的研究领域的基础上，如概率论和组合学。这种变化值得关注，因为大量的知识必须要被研究人员内在化。

数学科学界日益增加的相互联系与沟通使得数学家之间的合作增强。对在《数学年刊》上作者合作发表论文的现象进行统计分析得知：《数学年刊》杂志每篇论文的平均作者数稳步上升，从 20 世纪 60 年代的 1.2 个增加到 21 世纪初的 1.8 个。虽然这一增长与其他许多领域多作者的传统比较仍显不足，但是它表明本杂志所涵盖的核心数学正远离数学领域流传的“单独”研究人员模式。一流数学家的合作经验表明，数学内部各分支领域以不可预测、不可避免的方式相互依赖，为了集中所有必要的技能应对今天的问题，更多的数学家需要合作。

在一些合作研究中，具有相似专业背景的数学家联手攻克共同关心的问题；在另一些情况中，合作者的专业背景不同，以进行相互补充。在这样的情形下，数学不同分支学科之间的合作不断增加，一个分支领域的想法可用于另一个分支领域，这使得“异体受精”领域（即各分支学科之间的交叉领域）取得重要进展。以下给出最近数学内部各分支学科之间相互影响的几个例子。虽然只是几个例子，但却能表明数学科学各分支学科之间相互影响的生命力，及其在现代数学科学中的重要性。

4.1.1 实例 1：核心数学的交叉与融汇

近年来，已经有若干个核心数学领域的想法和结果被应用于其他领域，并取得重要成果。例如，将几何的、分析的和拓扑的方法结合在一起，使用了一类抽象度量空间的结果，佩雷尔曼证明了拓扑学中最著名的一个问题——庞加莱猜想，给这个具有一百多年历史的著名拓扑学数学问题画上了句号。越来越多的证据表明，用于证明庞加莱猜想的几何流技术，可用于凯勒-爱因斯坦度量等复杂代数流形，以了解这些流形上规范度量的存在与否。最近，可追溯到 20 世纪 60 年代的代数拓扑方法——A_∞代数和模，已用于辛流形和低维拓扑流形的不变量研究。这些成果使得我们能够实现将复杂、强大的代数结构引入到拓扑和几何问题的研究中。

最近，在不同的方向，人们都发现了随机矩阵理论、组合学和数论之间渊源颇深。黎曼 ζ 函数的零点以惊人的精确度遵循与大随机矩阵的特征值相关的分布。最初，研究该分布是为了将其作为一种了解重原子谱线的方法。相同的分布发生在许多其他领域（例如，组合学的标准形式）和量子混沌的研究。

不久前，人们还发现交换代数和统计学之间也存在联系。“在晶格上设计一个随机游动”相当于为给定的各种想法构造一组发生器，这是以古典排除理论来解决问题的。这项工作对于中型数据集（例如，列联表）的统计非常重要，但如果采用古典方法会得出错误答案。排除理论的古典方法是很难被使用的，现在经常使用的是 Groebner 基的现代技术。

4.1.2 实例 2：数学与理论高能物理学的相互影响

最近几年，数学最重要、最令人惊讶的发展是数学与理论高能物理学之间的相互影响。几何学、表示论和拓扑学的大部分内容受到量子场论和弦论之间相互作用的重大影响，反过来，物理学的这些领域也离不开数学领域的进步。例如，与量子场论相关的琼斯多项式，四流形唐纳森（Donaldson）不变量和相关的 Seiberg-Witten 不变量。物理学家发现镜像对称，以每种原始方式使得代数几何中一个经典列举问题——“在四维投影空间中，五次超曲面上给定次数的有理曲线的数量”得到解决。根据推测，这个应用已扩展到与复流形和辛流形有关的众多理论。数学与物理学之间的相互促进的一个例子是：利用量子场论对几何学朗兰兹纲领进行重新设计。最近的一个例子涉及计算规范理论内的散射振幅，其目的是解决大型强子对撞机实验中数据的计算问题。这类计算利用了代数几何的工具和几何数论的方法。在许多物理学领域，拓扑思想非常重要。尤其是，陈省身-西蒙斯形式的拓扑量子场论对了解凝聚态体系的某些阶段至关重要。人们在积极探索这些领域，因为它们为量子计算机的构建提供了充满希望的途径。

4.1.3 实例 3：动力学理论

动力学理论很好地说明了核心数学领域和应用数学领域之间的相互影响。动力学理论由麦克斯韦（Maxwell）和玻尔兹曼（Boltzmann）提出，用于描述稀薄气体（属于动力学系统，其密度太小不足以称为一种“流体”，其分散程度不足以称为粒子系统）的演变。从数学的角度，玻尔兹曼方程涉及粒子以不同速度飞行时，概率密度的空间相互作用（碰撞）。解的解析特性——解的存在性、规律性和稳定性，以及冲击形成现象直到约 30 年前才开始被理解。希尔伯特和 Carleman 研究这些问题多年，但成果不大，并试图理解在方程解的解析方面——解的存在性、规律性、稳定性，以及可能的冲击形成，取得的进展也不大。20 世纪 80 年代，玻尔兹曼方程被用于对航天飞行通过上层大气时的再入动力学进行建模，通过此种方式它再次被数学界采用，尤其是在法国。这带来了 20 年的显著发展，从 Di Perna-Lions 给出解的存在性的卓越工作（1988），到最近维拉尼（Villani）及其合作者的贡献。稀薄尺度相互作用粒子的建模思想以更复杂的方式出现在其他许多领域：半导体建模中的黏性颗粒、智能颗粒等；与决策相关的交通流量、聚集和社会行为。

这里列举的各种联系都是很有力的证据，它们通过探索数学概念建立了替代模型。它们激发了更多的研究工作，令人惊讶的联系暗示着更深层次的关系。显而易见，近几年数学科学已经从有价值的、令人惊讶的各分支学科的内部联系中受益。例如，几何学的朗兰兹纲领汇集了几个不同的数学分支学科，如数论、李理论和表示群；最近数学与物理学的关系越发紧密。一个例子是从几年前开始的 Demetrios Christodoulou 对黑洞形成所开展的研究工作，他结合偏微分方程和微分几何的知识，解决了几十年来未解决的问题。

数学科学各分支学科已足够成熟，研究人员知道自己研究领域工具的功能和局限性，他们正从其他学科寻求工具。这种不断流行起来的趋势将增加数学科学内部的多学科性。例如，现在，人们对组合方法产生了更大的兴趣，50 年前，因为组合方法没有很好的结构，而且还需要计算，人们并没有对组合方法进行深入研究。几十年前，人们倾向于简化假设，从而消除对组合计算的需要。但许多问题确实需要用到组合方法，今天许多研究人员都愿意进行计算。由于跨学科机会，越来越多的研究人员正从过去一直是自给的研究领域走出去与其他领域的人合作。现在互联网和其他通信技术使合作更加容易。

在其他研究领域，人们将统计学和数学结合在一起创造机会，这两个领域通过互补的方式对现象进行描述。环境科学中，确定性数学模型和统计学之间协同作用，产生了重要的见解。例如，人们通过将基于偏微分方程的确定性模型和与不确定性相关统计学知识结合起来，可以理解气候模型中的不确定性。

因为这些跨越数学科学多个分支学科的机会是那么地令人兴奋，所以需要研究人员具有更多的技术背景。今天，教育远不够完善，在一些领域年长的数学家可能获得了比过去更大的突破，那是因为前沿研究需要更多的其他知识。未来博士后研究工作对于更多的学生更为必要，至少对于数学专业的学生是这样的。过去 20 年间，博士后数量急剧增加，2010 年秋，40%的数学科学博士学位获得者成了博士后研究人员。从获得博士学位到获得终身学术位置的时间延长了。这些趋势培养了具有更强专业背景的研究人员，但成为专业研究人员的时间延长可能会降低该职业的吸引力。

现在更多的数学家研究应用问题，如计算机科学，它建立在已建成的深厚数学基础之上。例如，以离散数学和组合数学为基础的研究人员和以前接触过特定应用的研究人员，他们中的很多人取得了对计算机科学具有重要意义的成果。

日益增多的跨学科研究机遇，为个人和社会提出了挑战。相似性的工作促进了跨学科研究，但即使从一个走廊走到另一个走廊都可能存在障碍，所以必须促进合作，甚至是促进部门内部的合作。当需要建立学科之间的联系时，更需要合作。理想情况下，研究生物学的数学家，要花一些时间参观生物学实验室，研究其他学科的数学家同样如此。我们需要建立数学家和潜在合作者之间的联系机制，促进数学家与其他领域合作者的联系，例如，使数学家和合作者加入联合小组研究计划。如在解决生物学中的某个问题时，当整个团队（甚至对于本身不是生物学家的小组成员）有共同目标时，他们在合作中将最好地发挥作用。如果通过合作完成了目标，需要调整奖励制度，合理地确定数学家和生物学家在成果中贡献的大小。

一位优秀的数学家跟委员会谈到，微软研究院的数学家经常接触应用研究小组的研究人员，这源于优良的企业内部文化。数学家可以做出被低估其价值的工作，他们可以证明消极结果，即一种特殊方法的不可能性。利用这些知识可以重新定位部门、小组的工作，帮助他们以有限的方式解决其问题，阻止他们在无希望的任务上花费更多的资源，最终提高生产效率，有助于该组织更好地集中资源。数学的这些贡献超越了产品开发、算法开发方面的贡献。

跨学科学生和研究人员的另一些挑战是：他们没有明显的学术归宿。他们团体内的同行是谁？谁为他们的贡献做出评价？如何评审研究申请书和期刊论文？美国国立卫生研究院采取的重要措施是将数学家纳入研究部门，审查具有数学和统计学内容的建议，当然这并不是一个完美的过程。规模较大的大学的终身教职审查制度，对于跨学科年轻老师来说也存在问题。我们需要更长的时间才能建立跨学科的知识基础，但一旦建成后，就可以开辟很多非常具有创造力的研究方向，而这类研究方向对于具有传统专业背景的人来说是不可行的。大学逐步认识到跨学科教师可以产生更好的研究和更好的教育，现在，跨学科教师有适合自己的职位，但对此还需要进一步改善。要放宽跨学科研究人员的任期，可以建立适当的机制，以便对他们进行适当的任期考核。这是一种打破学术孤岛的方式。

4.2　数学研究机构与学术交流模式对数学的影响

4.2.1　数学科学研究机构

过去 10 年，数学科学发生了重大变化，数学科学的研究机构越来越多，它们对数学科学和数学界的影响越来越大。1981 年，美国只有一个数学科学研究机构——美国普林斯顿高等研究院，但它与之后建立的研究机构的性质非常不同。现在，美国国家科学基金会数理学部（NSF/DMS）在美国资助了 8 个数学科学研究机构。积极参与数学科学研究的其他实体机构有克莱数学研究所、西蒙斯几何学和物理学中心和 Kavli 理论物理学研究所。过去 20 年间，日本、英国、爱尔兰、加拿大和墨西哥都成立了新的研究机构，与法国、德国和巴西的研究机构共存。目前在 24 个不同的国家分布着大约 50 个数学科学研究机构。这些研究机构使数学家更容易组成工作团队，开展合作研究，工作团队合作架起了两个或几个数学分支学科之间的桥梁，或架起了数学科学与其他学科的桥梁。

大多数美国数学科学研究机构的主要目标包括以下几个方面：

- 促进研究、协作和沟通；
- 培养和维持重要的研究方向；
- 促进跨学科研究；
- 建立研究团队，并与企业、政府、实验室和国际同行进行合作；
- 丰富和活跃各层面的数学教育；
- 提供博士后工作机会；
- 增加数学研究机会。

研究机构促进了新兴领域的研究与合作，鼓励研究人员对重要问题开展研究，并支持需要多个研究人员合作完成的大规模研究计划，建立培养未来合格研究人员的机制。研究机构的许多计划可帮助研究人员拓宽他们的专业知识，以应对多个领域交叉的需求。美国数学及应用研究所每年开设为期两周的课程，旨在帮助研究人员学习新领域的知识，最近的课程有数学神经科学、经济学和金融、应用代数拓扑等。这些机构每年都有围绕不同主题的访问学者计划，他们邀请来自世界各地的数学家访问并参与计划。通过不同地方、不同学科的数学家之间的接触和交流，促进了数学各分支学科之间的交叉和数学与其他科学的交叉。这些机构将讲座录制下来，放在网上供自由下载。最近又组织了实时流媒体的讲座。这些措施有助于加强数学科学界的凝聚力。

这些研究机构积极创造机会使研究人员们在一起讨论，这为其他学科的研究人员与数学家建立联系提供了重要机会。通常情况下，科学家、工程师和医学研究人员不知道他们的问题需要哪些数学和统计学的知识才能解决，也不知道应该谁找合作。同样地，数学家只关注自己的专业知识，而这些专业知识可能解决自然科学、工程、医学等实际问题，但他们并不知道外部实际问题的需求，或不知道谁拥有相关数据。

可以说，这些数学研究机构是数学科学文化变革最重要的平台之一。以下用实例说明数学科学研究机构的影响。

为了促使数学科学与其他科学与工程建立联系，美国数学及应用研究所扩展了人员专业背景的范围，使得 40% 的计划参与者来自其他科学领域。通过这种方式形成了不同主题的新研究团队和工作网络，如蛋白质组学研究中的数学材料科学、应用代数几何、代数统计和拓扑方法。美国纯粹与应用数学研究所其他学科研究人员所占全部人员的比例也基本上为 40%。

这些研究机构成功培育了一些新兴研究领域。9 年来，美国纯粹与应用数学研究所形成和培育了一个新兴保密重点研究领域，其开始于 2002 年的密码学现代方法研讨会。2010 年的数据保密性统计与学习理论挑战研讨会，汇集了数据保密性和密码学研究人员共同研究数据的保密方法，密码学的发展推动并促进了保密方法，其中一个原因是数据安全性的严格数学概念。第二个后续活动是，2011 年的信息理论密码学数学研讨会，代数几何学家和计算机科学家致力于一种新的加密方法，此方法降低了网络上大量节点的难度。美国纯粹与应用数学研究所培育的“扩展图形”主题的例子说明，同样的过程在建立数学分支学科之间的内部联系时也富有成效。“扩展图形”的主题是建立在李群的离散子群之间联系的基础上，一方面是自守形式和算术，另一方面是离散数学、组合数学和图论。2004 年，美国纯粹与应用数学研究所举行了自守形式、群论和图形扩展研讨会，随后是 2005 年在普林斯顿高等研究院举行的一项主题计划，以及 2008 年美国纯粹与应用数学研究所的第二个研讨会，主题是纯粹数学和应用数学的扩展。美国统计与应用数学科学研究所提出了高维系统中的低维结构。当可用的变量数量等于或大于独立数据点的数量（$p>n$ 问题）时，会出现许多现代统计问题。处理这类问题的传统技术有变量选择、岭回归和主成分回归。从20世纪90年代开始，出现了套索回归和小波阈值等更多的现代方法。这些思想已在多个方向延伸，引起了流形学习、稀疏建模和几何结构探测等领域内的计算机科学、应用数学和统计学研究人员的关注。该领域存在统计学家、应用数学家和计算机科学家之间的相互交流的巨大潜力。

美国数学科学研究所重点发展基础数学，特别是发展那些能够使数学思想以新方式被应用的领域。其计划跨越了数学生物学、理论和应用拓扑学、视觉分析数学、分析和计算椭圆型和抛物型方程、动态系统、几何演化方程、数学并行计算、计算金融、统计计算、多尺度方法、气候变化建模、代数几何，以及代数和几何等领域。

尽管美国数学科学研究所主要侧重于数学科学本身，但它早已开展了一系列强大的扩展活动。2006年的代数拓扑计算计划探索将代数拓扑技术用于数据分析、目标识别、离散与计算几何、组合数学、算法和分布式计算。该计划包括一个研讨会，主题是拓扑结构在科学和工程中的应用，汇集了研究蛋白质对接、机器人、高维数据集，以及传感器网络等问题的人员。2007年，美国数学科学研究所组织和资助了在伦敦召开的世界计算金融大会，汇集了该领域的理论家和实践者，讨论当前的前沿问题。美国数学科学研究所还资助了一系列座谈会，以了解研究生物学问题的数学家的工作。数学科学研究所和杰克逊实验室联合主办了2009年数学基因组学研讨会。美国数学科学研究所和美国统计与应用数学科学研究所通过六项计划，架起了统计学家和气候科学家之间的桥梁，计划的主题包括气候变化应用空间统计新方法、数据同化、作为计算机实验的气候模型分析、混沌动力学，以及气候模型结合的统计方法。

美国纯粹与应用数学研究所和美国统计与应用数学科学研究所的另外两个实例说明了研究机构是如何建立与其他学科之间的新联系的。美国加州大学洛杉矶分校的一位斯堪的纳维亚语言教授，在2007年参与美国纯粹与应用数学研究所的知识和搜索引擎计划之后，他接触了现代信息理论的研究人员，在 2010 年和 2011 年分别组织了两次研讨会，主题是人文学科的网络和网络分析，研讨会由美国国家人文基金会主办，美国纯粹与应用数学研究所协办。这两次研讨会使得许多参会的人文主义者探索了新的数据分析工具。美国统计与应用数学科学研究所通过举办研讨会等活动对统计学和社会科学进行支持，探索因果模型和交易与社会关系分析的计算方法，促进统计学和社会科学之间的相互影响。

美国数学及应用研究所有着悠久的将数学推广至工业应用的历史，如通过工业博士后奖学金计划和其他活动，将尖端的数学科学应用于解决重大的工业问题，如汽车行业的不确定性量化和手术切除数值模拟。自 1982 年以来，美国数学及应用研究所已经培养了 300 多名博士后，约 80% 博士后都拥有学术职位。美国数学及应用研究所为研究生提供计划，最著名的计划是定期召开工业数学建模研讨会，让学生在工业领域的导师的指导下，以团队形式，解决工作中的实际问题。通过该项计划，许多数学家在其职业生涯的早期就接触到了工业问题。

学术界之外的一个例子是，美国纯粹与应用数学研究所积极地将现代成像方法引入到美国国家地理空间情报局。有来自美国国家地理空间情报局的几名人员参加了美国纯粹与应用数学研究所的 2005 年暑期学校——“图形和高维数据的智能信息提取”，并使他们确信需对数学科学做进一步探索。随后，美国国家地理空间情报局在美国纯粹与应用数学研究所举办了三场系列研讨会，主题是推进图像分析自动化。美国国家地理空间情报局招聘了一些拥有数学博士学位、具有图像分析专业知识的人员，制定了一项重大资助计划。同样地，美国纯粹与应用数学研究所也为美国海军研究局举办了机器推理方面的研讨会，这可能会促使美国海军研究局主动制定一些资助计划。美国纯粹与应用数学研究所的高维空间多尺度几何与分析计划使压缩感知应用产生了爆炸式增长，美国国防部高级研究计划局也制定了重大资助计划。

最近几年，除了各研究机构之外，美国国家科学基金会数理科学部和数学的其他财政资助者制定了交叉学科资助计划，鼓励和培育交叉学科研究小组，这可帮助研究人员解决广泛的交叉学科问题。

4.2.2 不断变化的学术交流模式

现在互联网和万维网影响了所有的人类活动，也影响了数学家的工作方式。过去15—20年，互联网促进了软件工具的产生、研究成果的迅速传播（例如，广泛使用的arXiv预印服务器，http://arxiv.org/）、通过博客和其他平台的非正式想法的共享，以及通过有效搜索引擎的信息检索。这些新工具使合作模式和数学家跨领域研究的难度发生了深刻变化。arXiv的存在，对数学科学的学术交流产生了重大影响，而且它将变得越来越重要。这类网站的发展对各个领域科学出版的传统商业模式产生了重大影响。很难说哪种传播模式将在2025年占据主导地位，但与今天的情况相比肯定会有所不同。

应用广泛的在线预印和复印已经对数学科学产生了巨大影响。过去，你必须赶去巴黎，学习有关塞尔或格罗滕迪克或德利涅的最新创意。数学家之间面对面会议仍是一种重要的交流方式，但是地理位置限制对交流的阻碍作用已经大大降低了。委员会关注数学研究成果的长期保存与获取。委员会还关注出版业和互联网流动性的快速变化。目前对于传统学术出版是一个非常不确定的时期，因此它们关心“如何方便、快捷、确保质量地保存和获取数学研究成果”的问题。公共档案馆（例如arXiv）扮演了重要角色，但其长期的财政问题令人担忧，因此它们不可能得到普遍应用。数学科学界作为一个整体需要通过其专业组织制定一项战略，以便最大限度地实现数学研究成果的开放获取和长期保存。美国国家科学基金会可在推动和支持这种工作中起到带头作用。

由于成熟的互联网技术，数学家可以很方便地与世界各地的研究人员开展合作。数学科学全球化的一个著名的实例是2009年启动的第一个“博数学”项目。引述陶哲轩的说法，“这些是大规模协作的数学研究项目，对任何有兴趣的参加此项目的数学家都完全开放，并鼓励他们对手头的问题提出一些看法，以及与其他参与者进行讨论”。最近，另一个现象是新兴思想的全球评审。这样的项目有助于促进研究，也可以找到具有相同兴趣和合适专业知识的其他研究人员合作；这样的项目代表了一种能够扩大个人合作网络的理想工具。新的合作和“出版”模式，将要求调整质量控制和专业成果奖励方法。

数学研究成果的广泛传播，使得任何人可以更容易地借鉴其他领域的思想，从而架起数学科学内部各分支学科之间的新桥梁，架起数学科学和科学、工程、医学等其他领域之间的新桥梁。例如，从新出现的研究方向可以看出：抽象的概率论想法对信号处理有非常深刻的影响，并在信号采集上有良好应用；高维几何学中的工具可以改变基本计算的方式，如求解线性方程组。信息的轻松获取使得具有大量共同技能的团体得以快速发展，因此减小了领域之间的障碍。理论工具找到了新应用，而应用通过提出新问题和指出新方向，更新了理论研究，这是一个良性循环。

最近的一篇文章评述了 20 世纪 90 年代中期数学科学内部各分支学科之间合作行为的一个明显转变。那时，核心数学和应用数学研究人员间的合作网络从开始少数高产作者之间的合作，转向更多区域性的合作。核心数学和应用数学研究人员之间出现了更多合作、更紧密的合作。布朗森和他的合作者推测，产生该趋势的一个原因是电子通信和网络的兴起，如 1993 年的 arXiv 上线和 1996 年的 MathSciNet 上线，应用数学分支学科在历史上就已较多地利用计算资源进行研究，这强烈地显示出了该趋势。

互联网为创新交流和合作提供了一个现成机制，而且新机制可能会不断出现。例如，“众包”是称为“InnoCentive”的问题解决方案，它基于 Web 技术，并提供机会使得人们能够直接获知其他学科的应用性挑战以及对挑战进行研究，这可能会对数学科学产生实际影响。“InnoCentive”由风险资本家资助，目标是使用“众包”这种基于 Web 的方法将任务分配给任何愿意花时间取得成果，然后获得回报的人，帮助企业、政府和非赢利客户解决问题。2012 年 3 月 16 日，该公司的网站上列出了 128 项挑战，这些挑战有的处于未解决状态，有的正在对求解结果进行评审。其中 13 项挑战标为数学或统计学内容，其中包括开发算法的挑战，如在噪声二维数据中确定基本几何特征的算法，以及建立模型，预测磨削后的颗粒大小分布。

为这些问题提供最佳解决方案支付的费用通常为15000—30000美元不等，最大的挑战吸引了数百个潜在的求解者。

关于众包对研究界是否是一种健康的趋势仍存在争议。“InnoCentive”确实为数学家参与广泛的应用问题提供了机会，但在最初阶段这种参与的程度是有限的。众包是一项基于Web的创新，它可能会影响数学家，数学科学界应该意识到这一点。

4.3 数学科学应该更彻底地利用计算

计算是数学科学应用到其他领域的最普遍的方法。数学家与天体物理学家、神经学家、材料科学家合作，建立新模型和可计算的软件，模拟复杂现象。数学科学帮助建立数学模型和统计模型。数学科学也帮助将这些模型转化为模拟计算的步骤：离散化、中间件（如网格算法）、数值方法、可视化方法和计算基础。

当使用计算机模拟时，问题的验证至关重要。验证是模拟的一个重要组成部分，数学科学提供了一个基本验证框架。验证是数学科学中令人兴奋的、日益发展的一个领域。由于验证研究的多学科性质，数学家们会越来越多地与行为科学家、领域科学家和风险与决策分析家在这一不断增长的前沿研究中合作。

有关计算的挑战通常称为“科学计算”，科学计算本身已经发展成一个研究领域，是基于模拟的工程和科学的重要基础。科学计算在某种程度上是学术孤儿，通常在学术机构没有以统一的方式对其进行研究，而是以小的研究群体分散在各种科学和工程部门。科学计算专家必须真正了解需要解决的问题，以确保软件能够正确地模拟现实问题，同时科学计算专家也要了解相关的应用数学、了解计算机体系结构和编译器。科学计算专家要掌握所有这些学科的知识和技能，不能说哪些知识必须掌握，哪些知识没有那么重要，科学计算专家开发的关键和独特的软件也不能作为一项学术成果。在不同的学术机构，科学计算可能在计算机科学部门或应用数学部门，也可能在科学和工程部门。科学计算在科学和工程部门的情况下，科学计算专家经常面临奖励和激励措施不一致的情况。

科学计算的许多方面本质上是数学的，数学科学部门应发挥作用，使科学计算研究和教育在数学机构中享有地位，不管科学计算研究是否在数学部门。计算对数学科学的未来发展很重要。

相对于数学科学，计算提供了更多更好的数据，包括计算机生成的数据。数学的一个长期优良传统是忽视经验证据，偶尔有人会参考一个研究方向的经验观察，但也很罕见。如今，人们可以利用先进计算生成大量的经验证据，这种趋势越来越明显。但一些数学家却无法抓住这个机会，除非我们克服传统，并接受定理/证明范式之外现象学驱动的研究。计算资源为更多数据驱动的数学研究打开了大门。

计算通常是数学科学的方法应用于其他学科的方式，也带动了数学科学的许多新应用。大多数数学家对科学计算有基本了解。学术部门可通过研讨会或其他方式，让数学家很容易地了解和跟上快速发展的计算前沿。

一些数学科学研究将受益于最先进的计算资源，目前却没有足够多的数学家利用这些资源。由于计算的性质和范围在不断变化，有必要建立一种机制，确保数学科学的研究人员在适当的范围内能够利用计算能力。美国国家科学基金会/数理科学部应考虑制订计划，让最先进的计算能力能够被数学科学的研究人员广泛地使用。

4.4　数学科学研究经费资助情况分析

第 3 章讨论了数学科学的扩展，并提出数学科学事业是否随着数学科学机会的增多而扩展的问题。这个问题很难回答，委员会注意到数学科学的加速扩展没有得到与之匹配的相应资助资金的增加。1984 年《戴维报告》（见附录 A）的一个重要信息是，为了培养更多的学生，扩大数学研究队伍，用于数学科学研究的联邦资助需要增长一倍。扣除通货膨胀因素后，联邦资助终于在 20 世纪 90 年代后期翻一番，如表 4-1 所示。1984 年《戴维报告》中资助增加一倍的目标的根据是，对当时资助的 2600 位积极参与研究的数学家所需的足够资金的估计。考虑到第 3 章描述的数学科学研究机会的急剧增多，需要接受数学科学教育的学生数量也相应增加，《戴维报告》的目标显然不能满足当今的需求。虽然美国国家科学基金会数理科学部的资助确实达到了《戴维报告》的目标，而且后来还超过了该目标，但整体数学科学的联邦研究经费却没有以本报告中所述的知识规模而增长。最近，西蒙斯基金会对数学科学的投入，使大型私人资助成为数学科学研究资助的新形式，但到目前为止这只是一种补充。

如表 4-1 所示，自 1989 年以来，美国国防部对数学科学的资助经费自从 1989 年增加了约 50%（以不变美元计）。很难从数据看出美国能源部（DOE）和美国国立卫生研究院（NIH）的趋势，现如今数学科学应用已非常普遍，但让人无法理解的是“其他机构”却始终资金不足。一些科学机构，如美国国家海洋和大气管理局、美国国家航空和航天局、美国环境保护局和美国地质调查局，很少直接接触数学科学界，为数学科学界提供的研究经费非常少。负责处理国家安全、情报和金融监管的许多机构，都依靠先进的计算机模拟和复杂的数据分析，但却只有一小部分与数学家保持紧密联系。因此，数学科学无法最好地为这些机构的全方位需求做贡献，这导致数学科学经费来源，特别是核心数学领域的经费来源，过分依赖于美国国家科学基金会的资助。

表 4-1　数学科学的联邦资助（以不变美元计）

	1984 年	1989 年	1998 年	2010 年估计	2012 年估计
NSF					
DMS	113	143	147	251	238
其他	11	17	—	—	—
合计	124	160	147	251	238
DOD					
AFOSR	28	36	48	53	47
ARO	19	25	19	12	16
DARPA	—	19	31	12	28
NSA	—	6	—	7	6

续表

	1984 年	1989 年	1998 年	2010 年估计	2012 年估计
ONR	33	28	12	20	24
合计	80	113	111	105	121
DOE					
应用数学	—	—	—	45	46
SciDAC	—	—	—	51	44
MICS	—	—	194	—	—
合计	8	14	194	96	90
NIH					
NIGMS	—			51	
NIBIB				40	
合计				91	
其他机构	6	3			
合计	217	289	451	543	449

结论 4-1　过去 15 年，数学科学的作用急剧扩张，但无论是在经费总量还是经费来源的多样化上，联邦经费的扩张都没有与之相匹配。数学科学的经费来源，特别是核心数学的经费来源，仍依赖于美国国家科学基金会的资助。

2010 年，美国国家科学基金会数理学部受到其访问学者委员会（COV）的外部评审，以研究其平衡性、优先事项和未来的发展方向，以及其他事项面临的问题。访问学者委员会的评审报告中指出，数理科学部资金不足，尽管总预算在增加，但大部分增加的资金都用于跨学科计划，而核心数学计划的资助却仍保持不变。访问学者委员会建议，应该将更多的资助经费用于资助核心数学。为了回应访问学者委员会的报告，数理科学部指出，2006—2007 年，核心数学领域的资金有了大幅增加，在未来两年中还将有进一步的增加（但增幅较小）。数理科学部存在内在的矛盾：作为保持数学科学健康发展的主要资助单位，它帮助实现了第 3 章中讨论的扩展，但它是美国资助数学研究为数不多的联邦机构中提供资助经费做多的机构，它主要资助数学科学的基础研究，它在资助数学基础研究中扮演着重要角色。正如第 3 章所述，一些数学家获得了美国国家科学基金会其他部门和其他联邦非数学资助机构的资助，但获得的资助经费非常少。通过有限的数据，很难获知广义数学科学界（广义数学科学界是指包括数学、统计学部门的研究人员，以及从事与数学、统计学相关研究的人员）所获得资助的总量，也很难确定资助是否充足和平衡，也很难说资助是否能跟上广义数学科学界不断扩大的需要。资助广泛的、联系松散的数学科学界，同时保持其连贯性，这是一个极大的挑战，而且资助经费的充足和平衡性是大家最关注的问题。正如第 3 章所述，不管是哪个领域的卓越成就都要被优先资助。

4.5　2025 年的数学科学发展前景

发现　数学科学成为生物学、医学、社会科学、商业、先进设计、气候、金融、先进材料等越来越多研究领域中不可或缺的重要组成部分。数学科学覆盖最广义的数学、统计学和计算的融汇，还覆盖数学、统计学和计算科学与具有潜在应用的领域之间的交叉领域。广义数学科学最好理解为包括所有这些部分。广义数学科学的研究活动对经济增长、提升国家竞争力和国家安全都会做出重要贡献。这一结论对数学科学资助的性质、资助规模以及对数学教育都会产生影响。

结论 4-2　数学科学有一个令人兴奋的机会，使得它可以巩固其作为“21 世纪科研的关键作用”及“保持国家核心力量的技术”这样的角色，这是数学科学生态系统的重要部分，对于其未来至关重要。数学科学相对于 20 世纪后半期普遍存在的情况有了本质不同，正在出现不同的模式：数学科学正成为一个具有更广阔的覆盖范围和更大潜在影响的学科。在这一新兴模式下，数学科学取得了巨大成功。通过增加数学家人数，数学科学对科学、工程以及国家的价值得到了提升，数学家具有以下共同特点：

- 他们在广泛的学科范围内都有渊博的知识，超出了自己的专业知识；
- 他们可以与其他学科的研究人员进行很好的交流；
- 他们明白在更广阔的科学、工程、医学、国防和商业中数学科学的作用；

• 他们拥有一些计算经验。

数学家们需要具备上述特点，数学科学界应努力提高自身能力以达到上述的部分要求。

为此，需要注意以下几点：

• 需要发展数学科学文化，鼓励发展上述所列的特点。

• 考虑到数学科学与诸多新兴学科之间的相互作用，我们应该重新评估对未来几代数学家的教育，以及对那些将数学科学课程作为自己的科学、工程和教学生涯的人员的教育。

• 机构的筹资机制和奖励制度应该调整，以便在适当的时候，促进跨学科研究。

• 数学和统计学部门的期望和奖励制度应调整，以鼓励开展广泛的数学科学研究，奖励数学任何分支领域的高质量的工作。

• 应建立机制，帮助其他领域的研究人员与可能成为合作伙伴的数学家取得联系。数学科学的资助机构和学术部门可以发挥作用，降低研究人员之间合作的门槛，促进他们建立联系。对于学术部门，共同举办研讨会、开设交叉学科课程、提供跨学科博士后职位、与其他部门在规划课程中协作、礼貌委任可推动这一进程向前发展。

• 当前许多科学和工程都建立在数学科学进步的基础上，许多项目的成功，都依赖于数学家的早期参与。因此，在奖励跨学科资助计划时，数学家应该包括在专家小组中。

• 对数学科学研究的资助必须跟上。

虽然对数学科学研究方向与特点和数学科学界文化的影响有限，美国国家科学基金会仍可以发挥领导作用，成为促进发展的推动者。成功的例子包括蓬勃发展的大学生研究经验计划和美国国家科学基金会的数学科学研究机构投资计划。美国国家科学基金会可以通过资助机会，加快变革的步伐，利用数学界成员的能力，促进自下而上的发展。例如，研究人员公开申请，开设新课程的资助计划，支持跨学科研究和数学科学各分支学科之间交叉研究的资助，使个人获得新知识的资助，使年轻人更容易获得行业经验和国际经验的计划。

本章中讨论的趋势对于许多核心数学领域的研究人员而言可能是具有变革性的，甚至是不相关的。为了应对这种可能性，委员会接受了研究副主席马克·格林的个人反思，即下面的专栏4-1“核心数学领域研究人员和新兴数学的前景”。

专栏 4-1 核心数学领域研究人员和新兴数学的前景

马克·格林

美国国家科学基金会的长期计划官员Al Thaler曾经告诉我：“21世纪将是数学家的舞台”。事实多次证明了他的预测。核心数学正在蓬勃发展，利用数学科学的新方法不断发展，越来越多的学科将数学科学视为至关重要的工具，数学和统计学的新领域不断涌现。核心数学领域研究人员将在何处融入这一切？

核心数学领域的研究人员在研究中的主要作用是不断产生优秀的核心数学。对于那些感兴趣的人，其他领域的智力挑战和它们本身对核心数学研究人员提供的机会非常多。核心数学领域研究人员有知识基础、洞察力与直觉，将会对其他领域起到巨大的作用。

作为20世纪60年代末和70年代初美国两个杰出数学系培养的人才，我经历的事情反映了当时的情况。我不属于哪个班级，即使是学习概率论或统计学。学校设置了离散数学课程，但我没有学习离散数学。我在这两个数学系学到的唯一算法是高斯消元法，在学高斯消元法之前我学的最后一个算法是长除法。在我职业生涯的大部分时间内，我没有经历核心数学在其他领域的应用，但我现在培养学生的方式不是这样的，已经发生了改变。

当我成为美国国家科学基金会数理科学部主任后，我开始做的第一件事情就是阅读《科学》和《自然》，科学家认为他们在这两个期刊发表的成果，会引起科学界更广泛的兴趣。你看到的任何一篇文章，都不是专门关于数学的，但多数论文都利用了复杂的数学和统计学方法。这并不奇怪，因为当核心数学的新思想首次出现时，其他领域的研究人员并不知道如何使用它，但是当新思想得到广泛应用时，它已就不再是新思想。通过阅读这些期刊，人们获得的最大的印象是，我们生活在一个爆发性的科学创造的黄金时代，数学科学在科学创造中发挥着至关重要的作用。

这样的例子比比皆是。例如，关于 Erdös-Rényi 随机图的文献。随机图是指 n 个顶点的图，其 $n(n-1)/2$ 条边中的 p 条边被随机填充，每条边的可能性相等。随着非常大的、自然发生的图（引用和合作、社会网络、蛋白质相互作用的网络、万维网）广泛应用于研究，它们显然看起来与 Erdös-Rényi 随机图一点都不一样。哪一类或哪些类概率生成的图最能描述实际发生的图，仍然存在激烈争论。这是新兴研究领域的萌芽阶段，有各种关于如何最好地设计网络使它具有一定的性能，如何通过实际测量的东西最好地确定网络的结构，以及如何最有效地搜索网络的问题。有关如何描述渐近不同类别的大型随机图，以及对于这样的类，Erdös-Rényi 图定理的潜在类似物和能够使得这个图具有一个无限连通分支的 p 的临界值，这些都是纯粹的数学问题。

随着数字图像的出现，如何对它们进行分析，消除噪声和模糊，将图像分割成有意义的片段，找出它们包含的对象，识别出对象（如人脸）的特定类别，以及识别单个人或地方，这些问题都产生了非常有趣的数学和统计学问题。核心数学研究人员都知道菲尔兹奖得主大卫·芒福德在代数几何方面的卓越工作，但许多人可能不知道他在图像分割（例如，Mumford-Shah 算法）中的开创性工作。

移动轮廓的方法涉及几何驱动的运动，根据曲率的运动，基于分析的技术，如 Osher-Vese，将图像强度函数分解为两部分，一部分最大限度地减少总误差（这部分提供“底图”），另一部分最大限度地减少有界变差函数空间的对偶的模（这部分提供“纹理”）。

在机器学习中，许多算法的起点是找到数据点之间距离的有意义概念。在某些情况下，需要用到“自然距离”。例如，比较不同物种 DNA 中两个核苷酸序列的编辑距离，以研究它们之间由随机突变引起的预期的关系。在其他情况下，要求具有相当的洞察力。例如，比较两个大脑的扫描，需要将一个大脑扫描“变形”到另一个大脑扫描，需要微分同胚空间上的距离，这里有很多有趣的候选方法。对于大型数据集，有时会通过使用数据集本身发现距离，这用到了扩散几何的方法，即在数据集上，将两个数据点之间的距离与布朗运动联系起来，且只需开始于非常局部的距离概念。有趣的理论问题是：不同的距离如何根据彼此变得有界，以及从高维欧氏空间到低维欧氏空间的投影，人们从何种程度上将距离保留到有界常数。这是降维的一个方面，降维过程中人们寻求数据集所处的可能低维结构。

许多这些问题都会在处理大型和非常普遍的问题中遇到，例如，处理“大数据”，了解复杂自适应系统，搜索和提取知识等。这些问题表明数学和统计学的新领域正处于被创造的过程中，而且新兴领域的概述只能“透过深色玻璃”才能看到。核心数学研究具有长时间追踪记录，使应用问题中的关键问题成为关注焦点，找到所需的核心思想，从而推动应用向前跨越式发展。当我们回头看过去几个世纪时，我们将此作为理所当然，但现在同样的现象对我们提供了机遇和挑战。

目前，利用数学的方法很多，所需要的基本数学类型跨越了核心数学的每个领域——代数、几何、分析、组合数学和逻辑。《推动创新和探索：21 世纪的数学科学》报告，用非技术语言介绍了这些用途的一些实例。

无论是否直接参与这些发展，核心数学研究人员提高自己对其认识的水平，对于其专业非常有用。作为教育工作者，教授们希望继续灌输给学生核心数学具有清晰度和严谨性的特点。但他们认识到一个事实，学生需要学习的知识已经大大扩展了，必须向他们提供多种教育路径。有一些核心数学领域的教授开设了交叉领域的教学课程，他们将从更广泛和更多样化的范围选择教学内容，将扩大适用于学术世界与外部世界的数学家的生态环境。

第 5 章 数学科学人才队伍

第 3 章和第 4 章叙述的数学研究机会的增长和扩展使得我们有必要改变培养学生的方式，同时还有必要规划如何吸引更多有才华的年轻人学习数学科学。根据与雇佣了数学人才的行业和政府代表的讨论，再加上第 3 章和第 4 章中提到的其他信息，“2025 年数学科学委员会”得出的结论是，现代社会对具有很强数学科学技能的人员的需求越来越大，可能还会继续增长。需要数学技能的职位范围也在不断扩大，越来越多的领域都存在大数据分析和数学建模的机遇和挑战。这些职位需要具有强大数学科学技能的本科、硕士、博士学历的人员。数学科学界作为教育者这一角色时，有责任培养很多其他学科的学生为广泛的 STEM 职业生涯做好准备。如果 STEM 领域需要蓬勃发展，需要足够数量具有数学科学专门知识的本科、硕士和博士生，以及必须采取措施使得到良好训练的学生从 K-12 年级脱颖而出。

5.1 对数学科学需求的不断变化

在 2010 年 12 月的会议上，委员会听取了来自日益依赖数学科学的行业部门的四个人的建议：

- 梦工厂动画研究部的主管 Nafees Bin Zafar；
- IBM -沃森研究中心商业分析和数学科学副总裁布伦达 · 黛德丽（Brenda Dietrich）；
- 微软研究院核心搜索开发主管 Harry（Heung-Yeung）Shum；
- 文艺复兴科技公司的负责人詹姆斯 · 西蒙斯（James Simons）。

此次讨论的目的是，深入了解数学科学发挥关键作用的一些主题领域。发言者带来了数学科学在金融领域的需求，以及数学在业务分析、娱乐业和信息产业中不断增长的需求。因为Shum博士是北京微软亚洲研究院的创始人之一，他还评论了中国数学科学能力的增强。这次交流的重点是了解当前的和新兴的数学技能的用途，不论采用这些技能的人员是否认为自己是数学家。金融业雇佣数以千计的金融工程师，其中只有一小部分人的最终学位是数学或统计学（许多人员的专业是物理学或经济学，还有许多是MBA 专业）。了解对数学科学技能本身的需求，这是至关重要的，原因如下：①满足数学技能的需求，尤其是推动新方向增长或前进的数学领域方面的需求，需要部分依赖学院和大学教育；②对这些技能的需求，意味着国家可能会受益于大量的有硕士、博士学位的数学家，在设计他们的培养方案时要考虑这些学生的新兴职业选择。

西蒙斯博士指出，1998 年以来，文艺复兴科技公司通过定量模型分析所有交易，现在他们每天处理来自世界各地的市场的几个TB的数据。该公司拥有约90位博士，大部分博士在研究组，一些博士在编程组。一些博士有数学专业背景，其他博士的专业背景是天文学、计算机科学、物理学，或提供强大数学科学技能培训的其他学科。

他列举了一些金融业需要的数学科学技能：预测、估值、投资组合构建、波动性建模等。金融机构聘请一大批具有较强的数学科学专业知识的人员，目前金融界具备的数学水平仍比它需要的数学水平要低。例如，很多人不知道 β 值（仪器本身的性能和相关市场表现之间的差异）和波动性之间的区别，它们相关但不完全相同。金融业将继续普遍地采用定量方法。西蒙斯博士认为，一些必要的技能，包括统计（通常不是新的研究水平）、优化和良好的编程技巧是必不可少的。

西蒙斯博士关注具有很强数学科学技能的美国本土公民。文艺复兴科技公司雇佣的大多数人不是美国人，他们大部分来自欧洲、中国和印度，大部分人已经通过了美国的研究生课程，而且所雇佣的美国本土人员的比例仍在下降。他认为，如果进一步努力，他可能找到足够数量的美国本土人员，但这需要做大量的工作。尽管美国的经济越来越依赖于数学模型和数据分析，但他担心美国的高中教学实在是不够好。

黛德丽博士描述了数学科学的各种机会，以及 IBM-沃森想雇佣具有哪种专业背景的人员。她说，IBM 的大部分业务是数据密集型业务，整个公司都需要具有数值分析能力的人员。数学科学日益成为经济、金融、商业和市场营销的核心，包括市场营销的风险评估、博弈论和机器学习等领域。但她指出，很难找到足够多的人，有能力处理大型数值数据集，理解极差和变化等简单概念。IBM 的许多数学家必须同时作为软件开发人员，他们必须足够灵活地在各个主题之间变换。

她列举了一些在她的部门里的案例，她的部门在全球共有 300 多名员工，需要具有统计学知识，同时还要非常擅长计算。他们不能依赖现有的模型和工具，并且要处理凌乱的数据。还需要具有很强离散数学专业背景的人员，能够从大数据集中获取知识。以她的经验来看，大多数员工并不需要掌握微积分，但需要掌握随机过程和大型数据知识，需要具备编程能力。

Bin Zafar 先生提出数学科学技能对电影业有重要影响（数学科学技能对于创建电脑游戏和基于计算机的培训和模拟系统也很重要）。他向委员会展示了一个实例，利用计算机生成的一个冗长序列，模拟了海啸对洛杉矶造成的破坏。数学建模产生震动和建筑物倒塌的画面，以及细节（如窗户打碎的方式和灰尘的上升与盘旋）呈现出逼真的效果。需花费大量的精力在创建动画和计算机生成的效果上，这一实例同时反映了普遍的情况。

Bin Zafar 先生报道称，梦工厂动画公司的几百名研发人员中，约 13% 具有博士学位，34% 具有硕士学位。50% 以上的研发人员都具有计算机科学背景，19% 有工程背景，6% 有数学科学背景。他说，他并没有收到多少数学家的申请，并推测，这也许是他们不知道数学在娱乐业中的作用。他指出，开发出稳定、可维护的软件对于他的业务至关重要，大多数开发出来的软件如果要达到足够可靠需要大约 5 年的时间，但很少有求职者在校受教育期间获得了开发软件的技能。他们的学校教育似乎假定，代码编写只是一个“执行细节”，但 Bin Zafar 先生指出，软件开发的实现步骤经常暴露出非常深层次的知识漏洞，如果软件开发人员提前知道软件开发需要的知识，他们在校受教育期间就会选修相关的课程。

Shum 博士首先讲到的是他从 1999 年开始帮助微软研究院在北京设立一个研究实验室的经验。他说，在中国有充足的人才，“每一点都像麻省理工学院一样好”，所以他们在北京设立研究中心，有意识地提供一些培训机会，帮助实验室培养人才。2006 年，当 Shum 博士离开北京时，微软亚洲研究院雇佣了约 200 名研究人员，几十名博士后研究人员和 250 名工人。

说到微软研究院的更多需求时，Shum 提到当前他的这个超过 1000 多人的搜索技术部门需要的最重要的三个数学科学领域：

- 拍卖理论，包括机构设计。机构设计问题（见第 2 章）非常关键，需要具有数学理论背景的人才能更好地理解该问题。他雇佣了几十人从事该主题的工作。
- 图形及其研究，帮助管理巨大的图形，如互联网流量模式和研究，以了解社交图、实体图和点击图（显示用户点击超链接的位置）。他在微软研究院的团队有许多具有理论和数学背景的人员。
- 机器学习，是推进搜索技术的核心基础。他的部门有 50 多人从事机器学习方面的工作。

Shum 博士的部门有 50% 以上的人具有计算机科学背景，他还聘请了具有较强编程能力的工程师。他的部门中有 5%—10% 人员的最终学位为数学或统计学。这些人具有博士学位的不多，但他最近聘请了一些统计学博士。

委员会收集的这一信息，被麦肯锡全球研究所一项更彻底的调查所证实。该调查报告估计，到 2018 年，美国企业将需要 140000—190000 名具有深度分析才能和高水平定量技能的员工。报告的第 10 页指出：“通过大数据分析能够支持企业决策，而大数据挖掘的一个重大约束是人才短缺，尤其是具有深厚统计学和机器学习专业背景的人员的短缺”。储备足够的专业人士应对这一需要，对数学科学既带来了机遇，又构成了挑战。该报告评估的职业是处理业务分析，尤其是大数据驱动的业务分析。从事这些职业的大多数人员需要具有非常强的数学科学背景，不管他们是否获得了数学或统计学研究生学历。数学科学教育工作者要为这些人员的教育做准备，不管他们实际攻读的是什么学位。麦肯锡的报告第 105 页指出："虽然我们的分析对象是美国，但我们认为，具有深度分析能力的人才的短缺将成为全球问题……深度分析人才短缺的国家将通过各种方式，如移民或设立跨国公司从其他国家吸引人才。"

麦肯锡的这一结论补充了谷歌首席经济学家哈尔·瓦里安（Hal Varian）的结论，《纽约时报》引述哈尔·瓦里安的话指出："未来 10 年具有吸引力的职业将是统计师……我不是在开玩笑。"除了大数据和信息衍生出的新职业，其他许多领域，如医药，也对具有高级数学科学技能的专业人士产生日益增长的需求。

纵观其研究报告，委员会听到了许多对本土数学科学人才供应的关注。这是所有 STEM 学科共同关注的问题。很长一段时间，美国 STEM 劳动力一直依赖于来自其他国家的年轻人才，他们很多都愿意在美国开始自己职业生涯。但美国不能持续依赖这种人才供给模式。

近年来，我们进行定量分析的能力有了巨大进步。但是即使是优秀的本科生也很少有或根本没有概率的概念，如中央极限定理、大数定律或不确定性。为了给当今数学科学的各种机会储备人才，我们需要及早培养他们的这些技能。我们的高中重点将是为学生未来学习微积分做准备，这甚至将影响小学课程。我们的统计学、概率论和不确定性的教学课程很少，学生只能在其他地方学习这些知识。这是美国数学科学面临的最大问题之一，也是影响国家竞争力的一个重大问题。

统计学专业可以学习物理学专业培养学生的经验。被培养为理论物理学家的人员可能获得在实验方面的博士后经历（通常是在不同的领域）。但统计学家的态度过于死板。统计学的院系很少同时拥有理论统计学家、应用统计学家和实验人员。如果学生在同时拥有理论统计学家、应用统计学家和实验人员的统计院系接受教育，学生将有理解如何在跨学科环境中工作的能力。统计学家可能很难筹集足够资金，资助实验人员收集数据，因此统计学领域目前的状况不会改变，除非资助计划有所变化。

数学科学界在培养学生中起着关键作用。有些人会在年轻时就表现出特殊的数学天赋。也有更多的人在后来通过非传统的途径才逐渐对数学科学产生兴趣，而这些本科生和研究生构成具有潜在价值的人才库。有些学生具有其他学科的专业背景，他们需要很强的数学科学教育。本科生、硕士生和博士生都需要成功的数学家的专业指导，他们的需求是不相同的。数学科学必须成功吸引和服务于这三种类型的学生。

人们对“获得足够数量的人员从事 STEM 职业”这一挑战的兴趣远远超出了对数学科学本身的兴趣。例如，最近美国总统科学和技术顾问委员会的一份报告“为改善大学前两年 STEM 教育提供了策略，回应 STEM 教育道路上关键阶段所提出的挑战和机遇”，根据报告中发给总统的附信，附信继续叙述 STEM 领域受到关注的原因：

经济预测指出，满足在未来十年内的人才需求，需要比当前假设情况下的预期再多培养出约 100 万高校毕业生从事 STEM 从事相关工作。进入大学，打算学习 STEM 专业的学生只有约 40% 完成了学位。如果将 STEM 专业的学生人数从 40% 提高到 50%,将在未来十年会产生 100 万 STEM 学位中的四分之三，仍有人才缺口。

总统科学和技术顾问委员会的报告还建议：“多校区的 5 年计划，旨在提出新的方法来消除或减少数学教育的瓶颈,使得更多学生选择学习 STEM 专业”。提出的这项计划涉及探索各种方法的约 200 个“实验”，包括以下内容：

（1）为高中学生进入大学提供的夏季课程和其他过渡课程；

（2）为大学生提供的辅导课程，包括依赖于计算机技术的方法；

（3）请数学密集型学科的教师，而非数学老师，包括物理学、工程学和计算机科学的教师，讲授大学数学课程；

（4）从数学密集型领域而非数学领域的本科和研究生计划中产生 K-12 的数学教师。

数学科学界积极参与数学科学界之外的 STEM 讨论是至关重要的，但不能忽视改善 STEM 教育的努力，尤其是这些计划将大大影响数学与统计学教学人员的积极性。委员会知道，没有证据表明给低年级的大学生讲授数学与统计课程或为 K-12 数学教师提供数学背景的做法，一定比由其他学科的教师教数学做得更好，但是数学密集型学科充满了创造性的人员，他们构成了创新教学理念的宝贵资源。现在急需创造数学科学中真正有吸引力的创造性大学教学课程，以应对 21 世纪学生的需要，设计这些课程时需要与数学密集型学科开展合作。

传统的"讲课-家庭作业-考试"形式在大学数学课程中盛行。总统科学和技术顾问委员会在其报告中对一个方面的理想改变进行如下解释。

大学教师需要更好的教学方法，使他们的课程更具吸引力，为学生提供更多的帮助，以应对数学挑战，并创造一种 STEM 学习团体的氛围。传统的教学方法培养了许多 STEM 专业人员，成为目前 STEM 的大部分劳动力。越来越多的研究表明，STEM 教育可以通过多元化的教学方法得到进一步改善。这些数据表明，以证据为基础的教学方法在培养所有学生时更有效，特别是"未被充分代表的大多数"——女性和少数族裔成员，目前他们占大学生人数的比例约为 70%，这一比例他们在攻读本科 STEM 学位的学生中没有得到充分体现（约 45%）。

在报告附录中，美国总统科学与技术顾问委员会工作组希望看到一些探索性方法：①主动学习技术；②通过解释数学的作用，设置与学生的专业领域更加相关的课程，激励学生学习数学课程；③将有潜力的学生建立一个高期望的团体；④增加本科生的科研机会。

总统科学与技术顾问委员会的报告为数学科学界敲响了警钟。数学科学界已经有许多有希望的尝试，能解决其提出的问题，数学科学中本科生研究机会的大量增多，要求整个数学科学界为之努力。专业学会应携手合作，促使本科数学教育有所改变；推动本科数学教育的变化是数学科学界义不容辞的责任，它是这些变化的核心。

5.2 传统的数学科学教育路径需要调整

第 3 章表明具有数学专业知识的人将会有令人振奋的新机会。数学科学教育使想从事其他专业职业的学生具有精确思维和概念能力。所有学生都需要具备利用数据和计算机的工作能力。对于许多将从事其他专业的学生来说，对统计、概率、随机性、算法和离散数学的理解可能比学习微积分更重要，同时经过数学思维训练的学生确实在这些领域能更好地胜任工作。传统的数学科学教育部门的课程并没有跟上数学需求的变化。因此，我们需要重新设计课程和专业。需要整个数学科学界共同努力，以使得数学本科课程对学生更具吸引力，并更好地与用人部门的需求匹配。

工业与应用数学学会 2012 年《工业中的数学科学》报告称会对愿意从事工业工作的数学专业学生提供额外支持。《工业中的数学科学》报告对这些人的有用的知识背景进行了以下论述。

有用的数学技能包括核心数学、统计学、数学建模和数值模拟。计算技能包括一种或多种语言的编程经验。不同公司、不同行业的具体要求差异很大，如 C++，第四代语言如 MATLAB，脚本语言如 Python。精通高性能计算（例如，并行计算、大规模数据挖掘和可视化）越来越多地成为一种有利条件，成为某些工作要求的必备技能。通常学生在一个应用领域的知识水平要足以理解该领域的语言，并弥补理论与实践之间的差距。

或许，学生们已经“用脚投票”。根据美国数学科学理事会（CBMS）的数据，1990—2010 年，数学课程的招生人数仍然大致平稳，而统计学课程的招生人数增加了 120%，如表 5-1 所示的原始数字。

表 5-1　1990 年、1995 年、2000 年、2005 年和 2010 年秋季，四年制高校数学、统计学系本科课程或两年制学院数学课程的招生人数（单位：1000 人）

学科	1990 年秋	1995 年秋	2000 年秋	2005 年秋	2010 年秋
数学	1621	1471	1614	1607	1971
统计学	169	208	245	260	371

四大行业领袖与委员会成员进行了谈话，本章前面讲述了他们的观点，他们提出需要更多的人员专注于实际问题，而不是数学模型，因数学模型省略了太多的现实问题。这些人能够利用计算机、统计学和数据进行工作，以便测试和验证他们的模型。理论本身对某些职业来说并不是最好的准备，如 IBM、文艺复兴科技公司、梦工厂动画等公司的职业。但可以借鉴的经验是，工业对具有数学科学技能学生的需求日益增加，不论该技能是否被明确认识到。

数学科学在科学、工程、医学、金融、社会科学和社会大众中的作用已经发生了巨大变化，其发展步伐对大学的数学科学课程提出了挑战。这种变化要求有相应的新课程、新专业、新方案，以及与高校内外其他学科的新教育之间的合作。我们需要创建数学科学教育中的新途径，目标是数学科学系的学生，攻读科学、医学、工程、商业、社会科学学位的学生，以及那些已经工作但需要定量分析技能的人员。社会可能需要新类型的证书，如为那些即将或已经进入劳动力市场的人员提供专业硕士学位的证书。在职人员定期获得新工作技能的趋势为数学科学满足新需求创造了机会。

大多数高校数学系仍倾向于使用微积分作为通向更高级别课程的途径，这对许多学生并不合适。关于这个问题的讨论已有很长一段历史，但数学利用方式的变化，使得我们确实需要对这个问题进行严肃、反复的探讨。例如，使想学习生物信息学的人有途径学习概率论和统计学，学习足够的微积分以找到最大值和最小值，了解常微分方程，学习一定的离散数学知识，学习线性代数，并初步学习算法。不要再强调线积分和斯托克斯定理、Epsilon 和 deltas、抽象的向量空间等主题，在他们的课程中创造自由选择的空间。从事生物信息学、生态学、医学、计算等工作的学生需要通过不同的途径掌握相应的数学知识。我们需要重新安排现有课程，开设替代性课程。为此，高校可以像鼓励学习微积分一样鼓励 AP 统计学课程。这一举措也将帮助中学生，使他们能学到概率论、统计学和不确定性的有关课程。

根据研究委员会成员的经验，过去 20 年，美国国家科学基金会“本科生研究经历”（REU）项目的数量大幅增加，这些项目一直是吸引优秀本科生学习数学科学的主要动力，同时也为研究生学习提供了更强大的基础。过去 10 年或 20 年的另一个引人注目的趋势是，拥有双学位的学生数量不断增多。这种增多意味着，攻读非数学科学专业的本科生接触了更广泛的数学和统计学课程，有更多的职业选择机会。双学位或灵活专业也使一些数学系和统计学系在其计划中增加本科生的数量，使他们通过学士学位吸引更多本科生学习数学科学。

许多研究生最后可能不从事传统的数学研究工作，而是从事那些能用数学知识解决实际问题的工作，他们解决的这些问题并不像学术环境下的问题有那么好的公式性。他们用数学天赋和能力解决实际难题，并为解决这些问题做出贡献。这需要学校根据学生不断变化的工作机会，使他们在研究生期间掌握不同技能，因此，要重新思考数学科学研究生的培养。数学系和统计学系应采取措施，确保他们的研究生对数学科学的广阔应用范围具有广泛而最新的理解。

建议 5-1 通过与大学管理部门合作，数学系与统计学系应该重新思考他们正在吸引和希望吸引的不同专业背景的学生的课程设置，并确定培养这些学生的首要目标。本科、硕士和博士的课程都应该根据培养目标进行相应调整。课程调整应通过与其他相关学科教师的协商开展。

建议 5-2 为了激励学生，充分展现数学的作用，教育工作者应向中小学生和本科生解释如何使用他们所教的这些数学科学主题，以及数学科学在他们从事的职业中的作用。在这个方面采取适当的措施，可能会吸引更多的学生学习数学课程。应该为研究生讲授数学的用途，当他们成为教师后可以将这个信息传授给学生。数学专业学会和资助机构应该发挥作用，制订计划，支持教师以这种方式授课。

数学科学界与公众之间的交流、与更广泛科学界之间的交流做得不够好。如果他们之间有更好的交流，数学教育工作者将会给 STEM 职业培养更多的学生。互联网工具，如博客和视频讲座，为这种宣传提供了新的途径。学生需要具备不确定性知识，而不确定性依赖于对概率和统计学认识的提高。

建议 5-3　更多的专业数学家有责任去宣传数学科学事业的性质及其非凡的社会影响。学术部门要想方设法奖励这样的工作。专业学会应做出更多努力，并与资助机构合作，创建宣传数学科学进步的组织机构。

最后，委员会指出，数学学术就业市场的盛衰周期，会对新获得数学博士学位的人员产生较大的影响，将导致大量的数学人才流失，因为，被现实所迫，这些人才要么不进入数学科学行业，要么想从数学科学行业逃离。这对核心数学科学的影响尤其严重。数学学术研究职位是核心数学科学人员的主要就业去向。一些重要的劳动力项目，如美国国家自然科学基金会的前 VIGRE 项目，远远跟不上目前宏观经济的趋势。在经济衰退期间，增加博士后奖学金可稳定这些波动，这是长期加强数学科学劳动力和确保连续性的国家整体战略的重要组成部分。美国国家自然科学基金会数理科学部在 2008—2009 年的经济衰退期间就是这样做的。在下一个就业低迷期来临时，如果能有一个机制去应对，并且发挥类似作用，那才是理想的情况。

数学的重要性和核心地位使得数学教育非常重要。作为一个团体，数学家拥有了一个难得的机会，他们作为教育研究人员和专业人士，将在 21 世纪的许多令人兴奋的职业和研究领域中发挥核心作用。要利用这个机会，需要有一定的灵活性，并与其他学科之间进行教育合作。这对国家的发展有好处，对数学科学的发展更有好处。

附录 C 提供了数学科学中就业人员和博士人员的基本数据。

5.3　吸收更多的女性和少数族裔到数学科学队伍

5.3.1　当前人口统计

从事数学职业的女性和少数族裔人数不足是长期存在的问题。50 年前，数学科学界几乎完全由白人男性占据，在数学科学界吸收的新成员中，白人男性成员的占比也有绝对优势。也就是说，美国总人口中其他部分的人才并未被充分利用，而随着白人男性占人口比例在逐渐减小，数学科学吸引和留住除了白人男性之外的其他人才将变得至关重要。在过去 10—20 年里这种情况获得了显著的改善，数学科学中女性和少数族裔的比例在培养过程和职业生涯中都有所增加。1990 年《振兴美国数学——90 年代的计划》报告就指出数学科学吸引和留住人才非常重要，现在的关键问题是数学科学要吸引和留住多样化人才。本节简要介绍，随着近期的发展趋势，各个层次（中小学生、本科生、硕士生、博士生和教授）少数族裔和女性成员当前的状态，以及我们正在进行的一些努力。

小学阶段，在数学标准化测试中女生的表现很像男生。标准化测试成绩表明，年轻女孩（9 岁）与相同年龄的男孩的表现处于同一水平，有时甚至可能处于较高水平。中学阶段（13 岁）男孩和女孩之间的分数出现了差距，这一差距在高中阶段（17 岁）有所扩大。对于该问题的对比和揭示性研究出现在 2008 年的一篇文章中，该文章研究了文化对不同国家女孩参加数学奥林匹克（IMO）队的影响。作者发现，在数学奥林匹克的参与者中，一些东欧和亚洲国家培养了具有深厚数学解题能力的女孩，包括美国在内的其他大多数国家，都没有做到这一点。他们还发现，美国队能力出众的女孩通常是其他国家的近期移民。环境因素使这些国家更支持女孩学习数学，研究表明，环境对培养具有数学天赋的女孩有重要影响，这表明美国要采取一些措施支持女孩学习数学，避免造成人才的浪费。

在美国，约 40% 的数学科学学士学位授予了女性。现在读大学的女性人数比男性多，因此将有更多的发展机会。虽然与许多其他技术领域的女性参与率相比，数学科学的女性参与率令人羡慕，但女性仍没有很好地把握该机会，因为高中过后，与男性相比更多的女性放弃了学习数学科学。大学数学最初吸引的女性人数与男性一样多，但更多女性在本科毕业前放弃数学科学，而转入其他学科领域。数学专业研究生的女性数量明显低于男性。在 2009—2010 年授予的博士学位总数（1632）中，31% 的人是女性。图 5-1 显示了 1969—2009 年女性获得数学和统计学学士、硕士和博士学位的百分比趋势。

女性获得数学博士学位的比例约 30%，但近年来美国 50% 以上的统计学博士学位授予了女性。统计学比数学吸引了更多的女性，这一事实值得进一步深入研究。

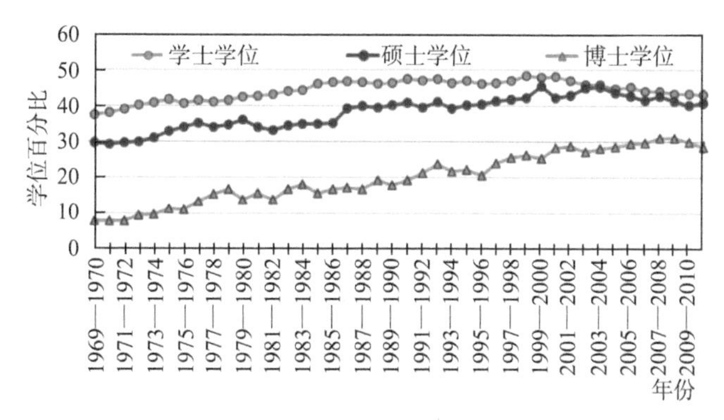

图 5-1　1969—1970 至 2010—2011 年美国获得数学和统计学学位的女性比例

大学教授职位的数据表现更复杂。如表 5-2 所示，根据 2005 年收集的最新 CBMS 数据，四年制大学数学系全职教师的女性教师比例上升到 26%，统计学系专职女性教师比例上升到 22%。不过，“专职”状态可以用来描述不同岗位，而且在 2005 年非终身或终身职位中女性所占的比例仍少得可怜。

表 5-2　美国高校数学系和统计学系教师和女性教师数量（单位：人）

		1975 年	1980 年	1985 年	1990 年	1995 年	2000 年	2005 年	2010 年
数学系	全职教师	16863	16022	17849	19411	18248	19779	21885	22294
	女性教师	1686 (10%)	2243 (14%)	2677 (15%)	3843 (20%)	3880 (21%)	4346 (22%)	5641 (26%)	6417 (29%)
统计学系	全职教师	NA	NA	740	735	988	1022	946	1265
	女性教师	NA	NA	74 (10%)	105 (14%)	107 (11%)	179 (18%)	211 (22%)	327 (26%)

什么类型的四年制大学数学系和统计学系聘用这些女性？附录 C 的数据显示，具有博士学位授予权的大学的女性比其他类型的四年制大学要少。也有一些迹象表明，在过去 5 年间，各类大学提高女性录用比例。数学科

学没有像其所需要的一样留住将尽可能多的女性人才，特别是从事数学研究的女性不够多。

几个种族和族裔群体（最著名的是黑色人种、拉美裔和美国原住民/阿拉斯加原住民）从事数学科学的人员更是严重不足。中小学生的标准化数学测试显示，白人和黑人与拉美裔之间的表现存在差距，在小学、初中和高中阶段白人和黑人之间存在显著的分数差距。数据显示，白人和拉美裔之间也存在显著而持久的分数差距。在过去的10年中拉美裔的分数差距已经在小学水平有所减少。这些人群确实对STEM学科感兴趣。美国国家科学院最近的一份报告指出：

"最近加州大学洛杉矶分校高等教育研究所的数据显示：少数族裔立志在大学学习STEM专业，他们的比例与白人和亚裔美国同龄人相同，从20世纪80年代后期以来就一直如此。"

在大学，只有5.7%和6.4%的数学和统计学学士学位分别授予了黑人和拉美裔。少数族裔人数不足的情况在研究生阶段仍存在，研究生阶段，黑人仅占硕士学位获得者的2.9%和博士学位获得者的2.0%，拉美裔占硕士学位获得者的3.1%和博士学位获得者的2.5%。美国印第安人/阿拉斯加原住民分别占学士、硕士和博士学位获得者的0.5%，0.2%和0.2%（见表5-3）。

表5-3 传统少数族裔在所有数学系、统计学系全职教师中所占比例

		亚裔	黑人	墨西哥人	白人	其他
数学系	博士学位					
	男性	13%	1%	2%	59%	3%
	女性	4%	0	1%	16%	1%
	硕士学位					
	男性	12%	4%	2%	47%	2%
	女性	5%	2%	1%	26%	1%
	学士学位					
	男性	4%	2%	2%	57%	2%
	女性	2%	1%	1%	28%	1%
统计学系	男性	20%	1%	1%	49%	3%
	女性	8%	0%	1%	15%	2%

根据 AMS 数据，来自所有少数族裔的美国公民博士数量在 1992 年为 12 个，2000 年为 27 个，2011 年达到 45 个（2011 年，获得数学、统计学博士学位的美国公民总人数为 802）。每 10 年大约翻一番是可喜的，但总数量仍然相当小。2011 年 I 组部门只向少数族裔授予了 11 个博士学位。为了比较，I 组部门在 2011 年共向 272 个美国公民授予了博士学位，共有 560 个博士学位。

为了使美国可以利用第 3 章和第 4 章介绍的各种领域的劳动力，数学科学事业必须提高自身的能力，吸引和留住更多的年轻人才。这是高优先级的国家问题。

5.3.2 采取措施吸引和留住更多数学科学领域的少数族裔人才

将更多少数族裔吸引和留在数学科学领域，在这方面的工作中我们已经取得了一些显著的成功。例如，图森市亚利桑那大学的威廉·贝莱斯已成功扩大了少数族裔招生。他为招收各类学生提出了如下建议：

- 为学生提供及时的信息。帮助他们了解就业体系和未来的机会。即使是优秀的学生，也需要关注和指导。
- 考察从高中过渡到大学的方式。
- 鼓励对科学和工程有兴趣的学生选择数学作为其第二专业。
- 通过教师直接接触，对有才华的学生给予更多的关注。
- 沟通学习数学的必要性。

虽然这些建议并不是特别的，但通常并没有得到落实。它们可以广泛地应用于所有学生，不分种族或性别，以提高数学科学本科专业中的人数。

少数族裔学习数学科学的人数较少，全国范围内也有一些计划促使更多少数族裔参与数学科学。他们已经建立了可行的做法，其他地方也可以效仿。美国国家科学院最近的一份报告提出了获得人才的方法。

美国国家科学基金会支持的数学科学研究所一直在积极努力向弱势群体提供机会。美国数学及应用研究所（IMA）和美国纯数学和应用数学研究所（IPAM）组织专业发展研讨会，目标是让非主流数学科学群体中的数学家参与。在K-12水平上，美国纯数学与应用数学研究所、美国数学及应用研究所和其他机构为初中和高中女孩提供了长达一周参与数学研讨会的机会。这些机构组织召开了布莱克维尔塔皮亚（Blackwell-Tapia）会议，旨在增加非主流数学科学群体中的数学家参与的机会。美国数学科学研究所（MSRI）的一些努力，旨在使女性和少数族裔参与数学研讨会和一些计划。

• 联系女性研讨会。为期两天的研讨会，旨在展示数学领域的女性人才，有时会开设关于基本思想和技术的密集简易课程。

• MSRI-UP旨在增加非主流数学科学群体参与数学研究生计划的机会。

• 网络树项目，旨在汇编非主流数学科学人员的名字和联系信息。

加州大学伯克利分校交叉科学办公室的莱特·帕特（Colette Patt），以及该大学统计学系的德博拉·诺兰（Deborah Nolan）和余斌（Bin Yu）与委员会分享了下列问题（由委员会改编），学术部门应考虑何时确定、如何吸引女性人才和吸引其他非主流数学科学群体的人才以及如何留住这些人才。

数学本科生阶段影响招生和留住数学人才的问题

• 本科生教育和援助计划，如“本科生研究经历项目”和对本科生参加会议的资助；

• 进入数学科学的意识和动机，如有数学科学课程和专业导向的职业选择的信息，以及这些选择与更常见的职业生涯道路的比较；

• 充分的指导，包括鼓励、指导和策略咨询；

• 提供和鼓励本科生参与各种研究机会；

• 通过各科系的方法，构建课程和各学科教学方法，并尽可能提高信心，如自信、学习习惯、团体意识等；

• 学术要求、课程和专业结构、学术资助、入门课程选择、教学效果、课堂教学实践；

• 校园氛围和文化。

数学研究生阶段影响招生和留住人才的问题

- 行为榜样的可用性；
- 需要归属感和团体感，以避免可能出现的孤立；
- 可能的困扰，同行互动和氛围问题；
- 指导的可用性和技能；
- 专业发展和社会化的机会；
- 提高心理因素，构建研究生课程、科目和测试，以影响信心、自我概念、科学身份等因素。
- 监测并进行可能的干预，以协助从研究生到博士后的关键转变；
- 辅助目标设定和评估。

数学教师队伍人员不足及稳定教师队伍的问题

- 了解和应对博士后到教师职业生涯关键性转型过程中女性和少数族裔人数的下降，招收女性和少数族裔博士后到教师队伍中。
- 了解和应对实现生活、工作相平衡的困难性，这对女性的影响往往大于男性；
- 确定性别差异，如推荐信中的性别偏见、教学评估和领导的看法；
- 给予当领导的机会；
- 差别认可、奖励，以及在该领域积累的文化资本。

其中许多问题已经成为已发表研究报告的主题，报告中记录了它们对吸引和稳定女性人才和少数族裔人才的影响，在学术部门工作的人员都应该熟悉大部分主题。

近年来，统计学系在吸引和稳定女性人才方面很成功，其他的数学科学界可以借鉴这一成功经验。面向应用的计算机科学计划在吸引女性人才方面也取得了成功经验。

在将女性人才和少数族裔人才吸引到数学科学已经取得了进展。女性人才和少数族裔人才面临的较小的不利问题在整个职业生涯中积累成较大的不利问题。这是数学科学应该解决的一个重要问题。

建议 5-4 每个数学科学系都应将招收和稳定女性和少数族裔群体明确纳入分管本科课程、研究生课程和教师聘用和晋升的教职人员的责任范围内。提供资源，以使各科系能够监测并调整许多学校实施的成功招募和指导计划，发现和纠正可能存在的任何不利因素。

附录 E 列出一些旨在提高女性和少数族裔在各阶段教育中参与数学科学的组织和计划的比例的项目。

5.3.3 中小学数学及统计学教育的关键作用

学生毕业后从事以数学科学为基础的职业，从根本上受限于中小学数学与统计学教育的质量。有才华的学生大量流向 STEM 领域的职业，美国的福祉得益于此，但若非接受很好的中小学数学基础教育，大学生不应考虑这些职业。缺少数学基础教育，大部分人对从事跟数学科学有关的职业可能不太感兴趣。对于那些可能成为科学家的年轻人而言更是如此。中小学基础教育是美国创新的重要问题。美国中小学数学与统计学教育有很多创新，数学科学界在更好地加强和实施这些努力中需要发挥作用。本节简要介绍存在的问题和有关文献的指示。

美国大量的公立和私立中小学学校每年都高水平完成了任务。根据学生表现的各项指标和其他标准，美国“年度最优高中排名”记录了排名前几位的学校。大多数州都采用信息系统，它根据全州范围内强制性使用的指标，为学生、教师和学校管理人员保持详细的公立学校记录。当无法满足规定的表现标准时，公立学校将受到所在州强制实施的处罚。总体而言，特别是在科学和数学方面，美国的中小学学生在国际比较中仍然低于平均水平。

2010 年 12 月 7 日，在经济合作与发展组织（OECD，简称经合组织）的国际学生评估计划（PISA）2009 年的结果发布之际，教育部长阿恩·邓肯（Arne Duncan）提出了自己的报告，该报告中并没有包含美国 15 岁年轻人数学表现突出的新闻。在 34 个参评的经济合作与发展组织国家中美国学生排名第 25 位，处于 6 年前即 2003 年同样的水平。阅读素养的评估结果也令人汗颜，美国学生仅位列第 14 名，实际上自 2000 年以来没有发生变化。唯一进步的是科学的排名为第 17 位，比 2006 年的排名稍好。邓肯部长补充说，经济合作与发展组织的分析表明，平均而言，韩国和芬兰的 15 岁年轻人，在数学和科学方面领先美国同龄人 1—2 年。

状况没有得到改善。2011 年 9 月，美国大学理事会报道称，2011 年美国高中毕业班的 SAT 成绩在所有三个测试学科领域都有所下降：阅读、写作和数学。写作分数处于有纪录以来的最低点。2011 年 8 月，哈佛的教育政策和管理计划的一份报告显示，在参加国际学生评估计划的经合组织国家中，2011 年美国高中 15 岁学生的数学类排名为第 32 位。该报告指出，22 个国家在学生达到“熟练”（比“高级”低得多的表现标准）的数学水平方面明显优于美国。《全球报告卡》数据显示，只有 6% 的美国学校的数学排名排在前三分之一发达国家前面。

2007 年 9 月，麦肯锡公司创造出了前所未有的方法，将定量结果与关于高性能和迅速改善的学校系统共同见解的定性知识联系起来。麦肯锡研究了世界 25 个学校，其中包括 10 个表现最佳的学校。他们检查了高性能学校体系的共同点，以及用于提高学生学习成果的工具。他们的结论包括以下几点：

- 聘用合适的人作教师（教育体系的质量取决于教师的质量）；
- 将他们发展成有效的指导者（改善成果的唯一途径是改进指导）；
- 确保教育体系能为每个孩子提供最好的指导(高性能要求每个孩子都成功)。

麦肯锡的报告总结说：“现有的证据表明，学校中学生学习变化的主要驱动力是教师素质。”下面三个例子支持了这一结论：

- 10 年前，基于田纳西州综合评估项目数据的开创性研究测试表明，如果两个平均 8 岁的学生分别由表现好与差的两个老师来教，3 年内他们的表现差距超过 50%。

● 达拉斯的一项研究表明，分配 3 个高效教师和分配 3 个低效教师的两组学生之间的表现差距是 49%。

● 在波士顿，表现最出色的数学教师所教的学生取得了实质性的收获，而最差教师所教学生的表现出现了退步，实际上他们的数学变得更糟。

麦肯锡的报告还得出了如下结论：教师质量现有证据的研究表明，好教师所教的学生将比差教师教的学生进步速度快 3 倍。

第二份 2010 年麦肯锡报告通过检查处于前三位的经合组织国家——新加坡、芬兰和韩国的教师备课细节和表现，阐述了师资人才缺乏的现象。这三个国家的教师队伍 100% 来自排名前三分之一的高等学校。相比之下，美国有 23% 的中小学新教师来自排名前三分之一的高等学校，来自排名靠后的高校比例有 14%。该报告的结论是，芬兰、新加坡和韩国“使用严格的遴选程序和教师培训，相比美国学校教育，这更类似于医学院和住院医生的职位”。它继续审查美国的“前三分之一战略”（是指美国有 23% 的中小学新教师来自排名前三分之一的高等学校）可能会带来什么，得出结论是：“如果美国想要缩小与世界上最好教育体系之间的差距，并缓解其自身的社会经济差距，教育界必须认真讨论‘前三分之一战略’问题。”毋庸置疑，为了缩小这个差距，必须改变现在大多数美国公立初中和高中的数学和科学教师没有数学、科学学位的状况。

5.4　丰富具有数学及统计学才能的预科学生人才

目前的研究并不涉及美国中小学数学教育广泛存在的问题，数学科学界对具有数学和统计学特殊天赋和兴趣的预科学生感兴趣。这些学生很可能成为未来数学研究界的领导者，在许多情况下，当他们还在高中或初中时，就已经准备向活跃的研究人员学习。

2010 年的一篇论文报道了两项关于 STEM 领域大学前先进教育经验与成年后成就之间关系的研究。在第一项研究中，根据学术评估测试数学部分的分数至少为 500 分，确定 1467 名 13 岁的孩子具有数学天赋，使他们处于前 0.5%。对他们 25 年的发展轨迹进行了研究，并特别注意在 STEM 领域的成就，比如他们在此期间在学术刊物上发表的论文、博士论文、使用权、专利和各类职业。第二项研究通过回顾，概述了 714 名优秀研究生的青少年时期的先进教育经验，并将他们的经验与他们 35 岁之前的成就联系起来。

在这两项纵向研究中，相对于取得较低层次 STEM 相关专业成就的人，那些具有显著 STEM 成就的人拥有更丰富、更强大的 STEM 先进大学前教育机会。这一发现同时适用于男女学生。这些研究指出 “STEM 指标”类型包括跳级（AP）和早期大学数学和科学课程、科学或数学项目比赛、独立研究项目，以及撰写科学文章。这些倾向于学习数学的学生中，那些在中小学期间参加科学和数学课程及活动超过平均数的学生，在 33 岁之前获得博士学位、成为终身教授或在 STEM 领域发表文章的可能性比参加此类活动低于平均数的学生大。“低水平”和“高水平”学生从事 STEM 专业职业的差异很明显。这些结果仅仅是一个联系，并不意味着是因果关系。那些对 STEM 领域感兴趣和有能力的人可能会自我选择职业。不过它确实符合该委员会许多成员的个人经验，即早期接触数学科学中极具挑战的问题，对自己的职业生涯发展有影响。

数学科学界吸引预科生的一个渠道是数学圈。专栏 5-1 给出了这种机制的一个概述，已经证明这种机制对于吸引具有很强数学科学才能的青少年有很好的作用。

专栏 5-1　**数学圈：教育学生去探索**

2006 年，一个名为 Evan O’Dorney 的八年级家庭教育学生跟随他的母亲参加了伯克利数学圈的一个晚间会议。一个多小时的会议期间，他听了 Zvezdelina Stankova 主任谈论如何利用圆反转的技术解决几何问题。在 5 分钟的休息时间中，他回到他的母亲那里，并告诉她：“妈妈，这里的问题我解决不了！”

O’Dorney 在他的生活中不会经常这样说。高中毕业之后，与其他学生一样，他因其优异的成绩而著名。2007 年，他赢得了全国拼字比赛。2008—2010 年，他作为美国队员，三次参加了国际数学奥林匹克竞赛（IMO），赢得两枚银牌和一枚金牌。2011 年，他赢得了关于连分数的数学项目英特尔科学奖。在赢得国际数学奥林匹克竞赛之后，奥巴马总统亲自向 O’Dorney 表示祝贺，并在英特尔总决赛期间亲自接见了他。

即使没有伯克利数学圈，具有与 O’Dorney 一样才华的学生可能同样会实现伟大的理想。但是，可能会错过重点。5 年来，数学圈给 O’Dorney 指引方向、带来灵感和提出建议。数学圈让 O’Dorney 有机会与大学教授接触，为他提出足以挑战他的难题（作为九年级学生，他学习了大学线性代数课程，找到了解决先前未解决问题的办法）。在他成为高中高年级学生时，就具有足够的经验和信心，在伯克利数学圈会议上讲课。该经验帮助他发展了沟通技巧，使他赢得了英特尔科学奖。

并非所有的学生都可以成为 O’Dorney。从东欧引入的数学圈概念，已经在美国找到发展的沃土。数学圈国家协会现在共有位于 31 个州的 97 个活跃圈，其中大多数都以大学为基础，由大学教授牵头。正如东欧的情况，数学圈已经成为专业数学家直接接触预科学生的有效方法之一。在数学圈中，学生学习到学校以外的数学课程。他们发现了自己无法解决的难题。像 O’Dorney 一样的学生想要解决的正是这类问题。天才学生不会接触高中课程中的问题，这对他们的挑战就像三连棋游戏，太简单。

Stankova 博士当时是伯克利大学数学科学研究所的博士后（现在奥克兰米尔斯学院任教），她在 1998 年创立了伯克利数学圈，目的是希望借鉴她在保加利亚作为小学生的经验。在保加利亚和整个东欧，许多小学和中学都有数学圈。正如具有足球天赋的学生可能在校足球队踢球，具有数学才华的学生都去参加了数学圈。这并不意味着学校的常规数学课程不够或不充分，它只是为有些学生提供了解更多知识的机会。

令 Stankova 博士惊讶的是，美国没有类似的数学圈（1994 年，第一个数学圈由罗伯特和埃伦·卡普兰在美国哈佛大学成立，Stankova 的数学圈是第二个）。最初，伯克利数学圈的目的是进入中学数学学习的一项示范计划。

美国与东欧不同。美国很少有中学教师有知识、信心、动力启动数学圈，并维持数学圈。美国与保加利亚不同，保加利亚的学校教师通过数学圈充实他们的工作。美国的一些数学圈在远离大学的情况下（例如，伊利诺伊州佩顿的数学圈）蓬勃发展，大部分都依靠于一位或多位大学数学家的领导。洛杉矶数学圈与加州大学洛杉矶分校的数学系之间有着非常密切的联系。

随着时间的推移，出现了其他方面的问题。成立基于大学的数学圈，让孩子们参加会议，并找到让他们聚会的房间，这样的后勤工作变得更加困难。目前，伯克利数学圈拥有 200 多名学生，每周二晚上可以自由使用加州大学伯克利分校数学系的研讨室。多数大学向参与数学圈的教师提供很少经费或根本不提供支持。管理人员很难意识到，参加数学圈的高中学生可能成为他们大学未来的明星学生，其中一些高中生已经开始学习大学数学课程。Stankova 提醒加州大学伯克利分校的教师成员设想如果在课堂上设立十年级的学生，他们将胜过大学生。

数学圈的部分理念在从东欧到美国的移植过程中保留了下来。数学圈鼓励开放式的探索，这是一种高中课程不可能存在的学习风格，因高中课程充满了强制性的主题。数学圈中的问题是有趣的问题，从一开始人们就不知道如何回答，与“练习”完全相反。他们向学生介绍从未在高中讲授的主题：圆反演、复数、连分数（O’Dorney 英特尔项目的主题）、密码学、拓扑学和数学游戏如 Nim 和 Chomp 等。

许多参与数学圈的学生已经在学校数学竞赛中取得了成功，如美国数学奥林匹克竞赛（USAMO）和国际数学奥林匹克竞赛。2001 年，伯克利数学圈的加布里埃尔·卡罗尔在国际数学奥林匹克竞赛中赢得了一枚银牌和两枚金牌，取得了满分。他参加了英特尔科学奖的评选，并获得第三名。作为麻省理工学院经济学专业刚毕业的一个学生，卡罗尔提出的问题被选为 2009 年和 2010 年国际数学奥林匹克竞赛的题目。后一个问题正是唯一难倒 O’Dorney 的题目。

并非所有的学生都对竞赛感兴趣。维多利亚·伍德参加了当地的海湾地区数学奥林匹克竞赛，但她不喜欢在有限的时间求解问题。她喜欢需要较长时间思考的问题（真正的研究问题几乎都是这样的）。

她在 11 岁时开始参加伯克利数学圈，13 岁被加州大学伯克利分校录取，现在她是一名研究生，获得了多项专利。一些数学圈，如波士顿的 Kaplans 初始数学圈，刻意回避让学生准备数学竞赛。其他数学圈确实在为竞赛做准备，但这远不是他们的重点。

2006 年，美国数学研究所开始组织数学教师圈，特别是专为中学教师组织。学生为什么都对此感兴趣呢？主办方希望通过让教师接触开放式学习，鼓励他们把自己看作数学家，这对数千名学生产生影响。目前，美国数学研究所列出了位于 19 个州的 30 个教师圈。

尽管数学圈有非常好的开端，但还无法看出数学圈是否会成为美国教育体系中正式的一部分，或仍只是一个依赖于志愿者激情和无酬劳动的缺乏经费的辅助部分。数学圈已经为一些聪明的美国年轻人提供了宝贵的服务。如果教师圈打下基础，或者如果有足够多的教师与学生一起参加数学圈，它们可以以更广泛的方式改变美国的学校，提高数学能力和激发学习数学的兴趣。

委员会感谢达纳·麦肯齐起草本专栏。

1988—1996 年，美国国家科学基金会资助了一项青年学者计划，支持高中学生的夏季活动，这些学生表现出特殊的数学和科学天赋。那时美国就开始担心科学家和工程师职业发展通道，正如现在的担心一样。到 1996 年，美国国家科学基金会“资助了 114 项暑期计划，每年约 5000 名学生、约 15% 的青年学者计划属于数学领域”。通过该机制成功资助的一些数学计划，包括美国俄亥俄州立大学、波士顿大学和汉普郡学院的计划。委员会认为，通过复兴这种计划，将以激动人心的方式吸引更多人才到数学科学（或 STEM）队伍做出贡献。

建议 5-5 联邦政府应该建立一项全国性的计划，为拥有特殊数学天赋的学生提供机会。该计划将资助一些活动，帮助这些学生发挥他们的才华，提高他们追求数学科学职业发展的可能。

在这项建议中，委员会在任何方面都不会弱化他们的重要目标，即确保每一个学生都有获得优秀教师和数学科学教育的机会。壮大数学科学人才队伍的目标是，吸引和稳定具有卓越才能的人才，从事高影响力的数学科学事业。

第6章

学术环境的改变

除了第 4 章讨论的趋势之外，数学科学还受到学术环境不断变化的影响。本章将讨论学术界出现的可能影响数学家的变化和压力。最近，美国国家研究委员会的一份报告指出，所有研究型大学的日常资助来源都面临压力。

美国研究型大学面临着严峻的挑战。首先，他们的财政受到威胁，其主要收入来源都已被破坏或存在争议。联邦研究经费持平或呈下降趋势，面对经济压力和不断变化的政策重点，各州都不愿或不能继续支持其世界一流的公立研究型大学。在最近的经济衰退中，学校获得的捐赠经费显著减少。学费上涨已经超出了许多美国家庭可以承担的范围。同时，研究型大学也面临着强大的变革力量，使得挑战与机遇并存：美国人口结构的变化、变革性的技术、研究组织和规模的变化、研究网络的全球性加强，以及研究型大学和产业之间不断变化的关系。美国大学还面临来自国外同行日益激烈的竞争，美国高等教育在全球的领先地位曾经无法被撼动，但现在却受到了威胁。

数学科学可能在未来 15 年遇到压力和干扰，同时数学科研和教学也将受到影响。由于成本压力、在线课程的提供等，数学科学系的业务模式将发生重大变化。对数学基础教学的需求有可能降低，但其他学科的学生和已经就业人员的培训机会将扩大。数学家应积极主动地通过资助机构、大学管理部门、专业学会，以及自己所在部门，为这些变化做好准备。

数学科学系，特别是大型州立大学的数学科学系，有为非专业学生提供数学教学课程的传统。这些课程，尤其是大型的基础课程，帮助各个层次数学科学人员获得职位，特别是帮助初中教师和研究生助教获得职位。

针对专业和非专业人员的数学科学教学，帮助大部分想从事数学科学研究的人员获得职位。但这种业务模式已经改变，在未来几年内，将面临着一系列的挑战。大学教育变得更加昂贵，使家庭教育成本负担很重，学生毕业时留下巨额债务。为了降低这些成本，推动学生参加州立大学和社区学院的一些基础学习。这也促使大学管理部门采取一些措施降低教学成本，如聘用第二等级的教师，增加教师的教学量，减少研究成果，降低工资，或实施一系列的在线课程，减少授课教师的人数。新的教学方法，特别是对于入门课程，可能会导致现有模式的变化。这些趋势已经存在了 10 年或更长时间，财政问题可能会对数学基础教育造成越来越大的压力。这带来的结果可能是在许多数学系中教师职位数量的减少。

在 2012 年的国情咨文讲话中，美国总统奥巴马说："我正式通知高校，如果你不能阻止学费上涨，你从纳税人手里获得的资金将会下降。高等教育不是一种奢侈品，当务之急是使美国的每个家庭能够负担得起高等教育。"三天后，他推出了"大学的财政援助革新"，将配合校园为基础援助计划——帕金斯贷款、勤工俭学岗位、低收入家庭学生的补助，促进机构成功地减轻学生的负担。

这些变化发生的同时，也存在与之互补的机会。正如第 3 章所述，数学科学的应用数量在不断增加、应用范围在整体扩张，对数学科学系课程感兴趣的学生数量也在不断增加，包括一些接受高等教育的学生。随着需要定量分析技能的新职业岗位不断增加，数学领域的职业岗位也在不断增加。数学科学系为那些已经就业人员创造学习新技能的机会，是增加数学职业岗位的重要途径。

数学科学系如何去适应和管理这类变化与机遇，将严重影响专业的健康发展和美国大学的教育质量。改变教育商业模式发展步伐类似于使出版业发生改变的步伐。数学科学界需要对这些潜在变化未雨绸缪，积极充分利用新机遇。

美国大学还感觉到其他方面的压力，这些压力可能会直接、间接地影响 2025 年数学科学的状态。例如，许多海外研究生支付全额学费，他们会积极争取上美国大学。自筹资金的海外硕士学生，或寻求专业硕士学位的学生，可能为美国大学数学系的财政带来帮助，但是太多这样的学生是否会改变研究环境呢?

美国高校的财政压力也促使一些以营利为目的的教育机构的成立。这种趋势的根本是继续教育，现在继续教育在本科教育中发挥了越来越重要的作用。很难预测以营利为目的的高校将会有多普遍，它们的存在将怎样改变数学科学环境，但它是数学家应该监测的一个趋势。在传统环境中，一些教育工作者尝试采用较低成本的教育方式，如为学生提供更多的基于 Web 的课程，使教授为更多的学生提供教学。数学和统计学不需要实验室工作，它们更适合用在线方式教学。

根据《华盛顿邮报》2012 年的一篇文章，弗吉尼亚理工大学数学中心让 4 位非终身职位的数学教师，讲授 7 个入门级的课程，学生人数为 200—2000，每年共有 8000 名学生听课。根据该文章，“弗吉尼亚理工大学的数学导论课程通过率比 15 年前数学中心成立时更高，且每个学生的费用减少了三分之一，这种教学模式是国家财政经费日益减少情况下，公共机构节省成本的重要途径”。文章继续引用非营利性学术变革国家中心总裁卡罗尔·特威格的话，约 100 个学院和社区学院已经采用了这种教学中心模式。

一般情况下，找到一种成本较低的课堂知识的提供方式是很有压力的一件事。一种极端的情况是，教学和科研脱钩，只有很少大学会集中于前沿研究。若向这个方向发展，将对数学科学产生重大影响，因为大多数数学科学系的规模将由教学任务决定。如果教学任务通过其他机制得到减轻（社区学院、在线学习和以营利为目的的机构），大学的数学系和统计学系可能会失去一些关键任务。随着教学任务的减少，也可能削弱数学家和其他系别之间的联系。

一些具有数学内容的在线课程非常流行，这种早期关注只会增加尝试这种方式的兴趣（至少是学生和大学管理部门的兴趣）。2012 年，《纽约时报》的一篇文章指出，全球各地的许多人参加了美国斯坦福大学 2011 年的秋季课程——来自 190 个国家的 16 万名学生学习了人工智能课程，104000 名学生学习了机器学习课程，92000 名学生学习了数据库预备课程。根据该文章，其他主要大学，如麻省理工学院（MIT）和佐治亚理工学院，也开始提供“大量的网上开放课程”，简称为 MOOC。含有数学内容的其他课程由 Coursera.org 提供，其“致力于为任何人免费提供世界上最好的教育”。截至 2012 年 10 月 11 日，在线课程列表包括以下内容：

- 密歇根大学的模式思维；
- 斯坦福大学的数学思维导论；
- 加州大学欧文分校的代数；
- 宾夕法尼亚大学的微积分：单变量；
- 普林斯顿大学的分析组合数学；
- 华盛顿大学的机器学习。

最近，哈佛大学和麻省理工学院宣布了一项名为 edX 的合作，以便为世界各地数以百万计的人提供在线学习。edX 将免费提供哈佛大学和麻省理工学院的在线课程。关于该公告的新闻指出，如果在线学生表现出对课程教材的足够知识掌握，他们可能收到“掌握证书”。edX 将公布其学习平台作为开源软件，可以被愿意提供平台的其他大学和机构使用。哈佛大学和麻省理工学院将使用 edX 的数据，研究学生如何学习，如何促进校园和在线有效教学，并研究哪些教学方法和工具最成功。

数学系和统计学系都感到了这方面的压力，也面临第 5 章开始提到的挑战：一些人认为更多较为基础的数学课程应由其他系的老师讲授。2012 年，总统科技顾问委员会关于 STEM 的大学本科教育的报告建议，应该通过全国各地的大约 200 个实验对这一假设进行积极探索。正如第 5 章所述，委员会同意现有数学课程受益于内容和教学方法重大革新的观点。目前存在一个真正的机会，如果数学家不这样做，其他人也会这样做，数学家会丧失数学服务教学的机会。

所有 STEM 学科关注的另一个重要趋势是，从海外招收的研究生数量可能会随着海外大学质量的提高而下降，目前数学科学人才的就业机会存在于全球范围内。每年，美国大学将超过半数（52%，在2009—2010学年）的数学科学博士学位授予非美国公民。他们中的大多数人都在美国继续自己的职业生涯，最近几十年，美国将这样的人才吸引到美国就业并从中受益，许多留下来的人才促进了美国的科学、技术和商业的发展。

随着其他国家经济和科技条件的改善，尤其是中国和印度，将外国留学生留在美国的难度可能会增大。其他国家都在积极招揽人才，尤其是目前在美国的留学人才。越来越多的报告指出，在博士研究工作之后，更多的中国留学生选择回到中国，中国和海外其他地方数学科学研究事业的机会和奖励都在不断改善。论文数量还表明，其他国家在数学领域发表的论文数量越来越多。1988—2003年，世界总的数学论文数量增长了40%，从9707篇增加到15170篇，而至少包括一位美国作者的数学论文数量只增长了8%，从4301篇增加到4651篇。美国的工作签证和移民政策是一个重要的因素。美国吸引和留住优秀留学生的能力在下降，将对美国的研究生培养和年轻数学家培养产生严重的负面影响，无法满足美国学术机构、行业和政府的需求，尤其是在这种对人才需求不断增加的时候。

美国国家科学基金会的政策应该继续吸引国外顶尖人才，促使外国人才，特别是那些接受美国教育的外国人才，选择留在美国就业。鼓励美国出生的数学科学人才的政策应继续，它们需要通过吸引和留住其他国家数学科学人才的政策得以补充，特别是对于研究生院。这个目标直接涉及移民政策，移民政策在美国国家科学基金会的控制范围之外。关注数学未来生命力的数学家，应该认识到移民政策的重要作用，也许还应权衡相关的政治讨论。

一个方面与学术财政压力有关：相对于图6-1所示的其他学科学生的相同比例，联邦政府对数学科学研究生的机构支持比例非常低。对数学科学研究生的支持模式过于依赖助教，从时间到程度，尤其是在数学科学研究生的必需学习量不断扩大的时候，变得很繁重。过度依赖研究生助教奖学金也令人担忧，数学系不断变化的业务模式，使得这种支持来源容易受到上面所述削减的影响。作为一个整体，数学科学必须积极主动地转变这种平衡，提供支持教学助理的课程方面的创新。对于数学科学的研究人员，第一步是更积极地为学生寻求研究助理职位，承认现在研究生需要获得更多的研究经验，降低数学系对助教的依赖。

与数学科学非常相关的一个额外压力是，由于新兴领域的发展都需要数学和统计学专业知识，数学进一步走向多学科研究。在极端情况下，更多数学家在其研究成果应用部门任职，这使得数学系、统计学系的数学家人数减少。如果数学科学以这种方式变得分散，其连贯性和统一性将受到威胁。建立与其他部门的联系，将有助于推动这一进程。这些联系包括课程的交叉及与其他部门合作规划课程，并具有跨学科博士后学生。提出适当的方法评估那些从事跨学科研究的人员已经为时过晚。

数学科学学术机构现有的多种配置往往反映了每个机构的特定历史，而不是最优的配置。不断变化的学术环境，有机会重新考虑有关安排和部门划分，以提高数学科学的凝聚力，使数学各分支学科内部以及数学与其他科学交叉的跨学科研究和教育合作。

建议 6-1　数学和统计学的各个学术部门应该重新思考和调整计划，适应不断发展的学术环境，随着提供数学科学课程的在线内容和其他创新方式的建立，确保他们在其中拥有一个位置。通过评论文章、在线讨论小组、政策监控、会议和分组会议等机制，专业学会扮演着重要角色。

附录 A

以往的战略研究

数学科学的第一个战略报告《振兴美国数学——未来的关键资源》(又称《戴维报告》),发现了令人担忧的趋势。虽然数学科学产生了优秀的、有价值的研究,但从事数学科学职业的年轻人数量在减少,这将导致数学科研事业的规模随之缩小。该报告记载了十多年来美国联邦政府支持数学科学研究的力度在下降。造成的后果是,数学科学研究与依赖数学、统计学工具的物理科学研究、工程研究之间的不平衡。例如,《振兴美国数学——未来的关键资源》引用了 1980 年化学、物理和数学(三个领域的教职工具有非常相似的数字)三个学科获得联邦科研经费资助的教职人员的数据。1980 年,约 3300 位化学家和 3300 位物理学家获得了联邦研究经费支持,而只有 2300 位数学家获得联邦经费支持。由于攻读研究生和从事博士后工作是青年人才进入数学科学研究的途径,该报告统计分析了数学研究生数量和博士后人数,这两个指标的数据表明,美国联邦政府资助数学研究的经费需要增加一倍。

《振兴美国数学——未来的关键资源》使得后来几年中数学科学获得的联邦资助经费显著增加,部分恢复平衡,但这种增长后来又在 20 世纪 80 年代萎缩了,并未实现翻一番的目标。《振兴美国数学——未来的关键资源》还激起了数学科学界的热烈讨论,使得数学科学更大程度地参与到联邦科学政策的讨论中。根据 1990 年的《戴维报告 II》,即《振兴美国数学——90 年代的计划》,数学科学界已经"逐渐认识到数学学科所面临的问题,并对解决这些问题的兴趣与日俱增,还特别加强了与公众和政府机构的沟通,并要求数学科学家参与教育"。

因为联邦资助的不平衡只通过《振兴美国数学——未来的关键资源》得到了部分补救,数学科学研究的联邦资助经费增长了 34%,而不是 100%,

1989 年支持数学科学的资助机构委托《振兴美国数学——90 年代的计划》对进展情况进行评估，并对进一步措施提出建议，以加强数学科学事业。《振兴美国数学——90 年代的计划》发现，1984 年和 1989 年，联邦政府对研究生和博士后的支持已经大幅度增加，分别增长了 61% 和 42%，升级改造一些基础设施，如计算设施和科研院所。总体而言，《振兴美国数学——90 年代的计划》发现，数学研究事业的基础仍然“与 1984 年一样不牢固”。《振兴美国数学——90 年代的计划》重申了《振兴美国数学——未来的关键资源》的呼吁，并建议继续努力使联邦政府的资助经费翻一番。《振兴美国数学——90 年代的计划》还建议通过增加研究人员、博士后研究职位、研究生的数量，改善数学科学的职业生涯道路，所有这一切在 20 世纪 90 年代确实有所增长。不过，目前尚不清楚，美国有多少学生从高中起就不选择数学作为职业发展路径。《振兴美国数学——90 年代的计划》还明确指出“应该优先考虑招募女性和少数族裔进入数学科学”，但它并没有提出具体措施。20 世纪 90 年代初不是推动联邦资助的一个有利时机，尚不清楚《振兴美国数学——90 年代的计划》是否在这方面有较大的影响。

1997 年，美国国家科学基金会数理科学部组织了美国数学科学国际评估的高级评估小组，旨在评估数学科学部如何支持美国国家科学基金会的数学科学战略目标，其中包括“促使美国支持数学各个领域，使美国数学在世界范围内保持领先地位，推动服务社会的发现、整合、传播和利用新知识，实现美国各级科学、数学、工程和技术教育的先进性”。专家小组的主席为威廉 E. 奥多姆，他是前美国国家安全局的负责人。

奥多姆报告的实施摘要得出以下结论，并提出建议如下。

当今世界，从国家安全、医疗技术到计算机软件、电信和投资政策等越来越多的领域依赖数学科学。越来越多的美国工人，如果没有数学技能就不能完成他们的工作。缺乏强大的数学科学资源，美国将不会保持其在工业和商业中的优势。

现在，美国的数学科学在世界上处于领先地位。但是，这一领先地位是脆弱的，这一领先地位很大程度上依赖在其他国家接受数学教育的移民，年轻美国人看不到数学科学事业所具有的吸引力。与其他科学的经费相比、与西欧的情况相比，数学研究生学习获得的资助是稀缺、吝啬的。因为过长的学习时间，青年人获得数学博士学位的时间太长。学生误认为，需要数学的工作稀缺，且收入微薄。美国中小学数学教育的不足使美国劳动力的能力不足。

根据目前的趋势来看，未来美国数学科学保持其世界领先地位是不可能的。虽然现在美国在关键数学分支领域保持了世界领先地位，并在所有分支领域保持有足够的实力，在其他领域也能够充分运用数学，但没有大学和美国国家科学基金会的补救行动，美国数学将不会继续保持强大：不会有美国培养的足够的优秀数学家，而从其他地方引进专家填补国家的需求并不可行。

我们建议美国国家科学基金会鼓励以下计划：

• 扩大数学的本科生和研究生教育。为全日制数学科学研究生提供与其他科学相当的支持。

• 为愿意成为数学科学研究人员的人才提供更多的数学博士后研究机会，以扩大和增加将他们培养为专业数学家的机会。

• 鼓励和促进大学数学家与企业、政府的数学使用者之间的相互联系，促进大学数学与其他学科之间的相互联系。

• 保持和加强数学科学作为知识和应用的基础在科学研究中的历史悠久的实力，保持美国的世界领先地位。

奥多姆报告发布之后，对美国国家科学基金会/数理科学部的资助有了大幅增长，从 2000 到 2004 财年数理科学部的预算增加了近一倍，达到了每年 2 亿美元。在那个时候，美国国家科学基金会主任丽塔·科尔韦尔非常支持数学科学，采取了一系列新举措，包括数理科学部与美国国家科学基金会其他单元之间的合作。此外，数理科学部开始启动项目，旨在增加未来数学科学劳动力的职业准备，并大幅拓宽数学研究机构的资助范围。

附录 B

数学科学研究的意见和建议

会　议　1

华盛顿

2010 年 9 月 20 日和 21 日

与资助者探讨研究目标	Sastry Pantula，美国国家科学基金会 Deborah Lockhart，美国国家科学基金会
与各大专业学会探讨研究目标	James Crowley，美国工业与应用数学学会(SIAM)执行董事 Tina Straley，美国数学协会(MAA)执行董事 Ron Wasserstein，美国统计协会(ASA)执行董事 Donald McClure，美国数学学会(AMS)执行董事
什么样的变化和压力会影响数学研究事业？	William E. Kirwan，数学家、马里兰大学系统校长 C. Judson King，前伯克利分校教务长、高等教育研究中心主任
本项研究的可能模式	Philip Bucksbaum，斯坦福大学，控制量子世界：原子、分子和光子科学(2007)联合主席 Donald Shapero，国家研究理事会物理学和天文学董事会董事
数学科学的研究经费	Sastry Pantula，美国国家科学基金会 Deborah Lockhart，美国国家科学基金会 Walter Polansky，美国能源部 Wen Masters，美国国防部 Charles Toll，美国国家安全局
近年数学科学新机遇和未来方向的主要进展	David Eisenbud，西蒙斯基金会 James Crowley，美国工业与应用数学学会(SIAM)执行董事(讨论行业研究) James Carlson，克雷数学研究所所长

会　议　2

加州大学欧文

2010 年 12 月 4 日和 5 日

正在变化的美国大学环境	Hal S. Stern，加州大学欧文分校信息与计算机科学学院院长和统计学教授
IBM 对数学科学的需求	Brenda Dietrich，IBM TJ Watson 研究中心商业分析与数学科学副主任
生物学对数学科学的需求	Terrence Sejnowski，加州大学圣地亚哥分校索尔克生物研究所
美国梦工厂工作室对数学科学的需求	Nafees Bin Zafar，梦工厂
美国国家安全局对数学科学的需求	Alfred Hales(已退休)，加州大学洛杉矶分校拉霍亚国防分析研究所通信研究中心前主任
金融行业对数学科学的需求	James Simons，文艺复兴科技公司
中国数学科学的最新变化、	S. -T. Yau，哈佛大学
微软对数学科学的需求，在北京建立研究中心	Harry Shum，微软

会　议　3

伊利诺伊州芝加哥

2011 年 5 月 12 日和 13 日

数学科学的压力与机会	Robert Fefferman，芝加哥大学物理科学学院院长 Robert Zimmer，芝加哥大学校长
数学科学的重大机遇、实现机遇的步骤，以及未来几年影响数学的压力是什么?	Yali Amit，芝加哥大学统计系 Peter Constantin，芝加哥大学数学系 Kam Tsui，威斯康星大学统计系 Douglas Simpson，美国伊利诺伊大学厄巴纳-香槟分校统计系 Bryna Kra，西北大学数学系 Lawrence Ein，伊利诺伊大学芝加哥分校数学、统计和计算机科学系 Shi Jin，威斯康星大学数学系 William Cleveland，普渡大学统计系

数学科学精英研究人员的意见和建议

2011 年 3 月 1 日—5 月 2 日，2025 数学科学委员会举行了一系列会议，召集了以下数学科学精英研究人员：

Emery Brown，马萨诸塞州总医院；

Ronald Coifman，耶鲁大学；

David Donoho，美国斯坦福大学；

Cynthia Dwork，微软研究院；

Charles Fefferman，普林斯顿大学；

Jill Mesirov，博德研究院；

Assaf Naor，纽约大学；

Martin Nowak，哈佛大学；

Adrian Raftery，华盛顿大学；

Terence Tao，加州大学洛杉矶分校；

Richard Taylor，哈佛大学。

召集这些专家开会的目的是确定数学科学的重要趋势和机会，吸取研究前沿的不同观点，并讨论这些专家对数学未来的关注重点。这是非常有帮助的，他们提出的一些意见和建议对第 3 章和第 5 章有所帮助。这些会议得到的见解帮助该委员会选择了第 2 章强调的数学最新进展，并对确定第 4 章中讨论的趋势有所帮助。

附录 C

美国数学科学的基本数据

美国对数学科学的资助

为了提供美国对数学科学财政支持的一个概貌，本附录概述了美国联邦资助和两个私人资助来源。大部分对数学科学的资助资金不仅支持数学研究，还支持大部分的数学研究生和博士后研究，为培养下一代数学科研人才做准备。一小部分联邦资金资助研讨会、科研院所，以及促进成果共享和数学界互动的其他机制。数学科研人员的其他科研经费来源途径多样化：大学、州、基金会、企业和主要资助其他科学和工程的计划。此外，企业和政府实验室也开展和支持了大量数学研究。在私营公司从事数学科学工作的研究人员没有被归类为“数学家”或“统计学家”，很难表征数学科研事业组成部分的幅度。本报告并不想给出估计数字，但估计确实存在。

数学科学的联邦资助

近几年，美国数学科学的联邦外部资助有所增长。四个主要的政府机构及其下属机构通过外部资金（表 C-1）资助数学科学：

- 美国国家科学基金会（NSF）
- 美国国防部（DOD）
  - 美国空军科学研究办公室（AFOSR）
  - 陆军研究办公室（ARO）

- 美国国防部先进研究项目局（DARPA）
- 美国国家安全局（NSA）
- 海军研究办公室（ONR）

• 美国国立卫生研究院（NIH）

- 国家综合医学科学研究所（NIGMS）
- 国家生物医学成像和生物工程研究所（NIBIB）

• 美国能源部（DOE）

美国能源部的先进科学计算研究办公室（ASCR）的两个计划：先进计算应用数学计划与科学发现（SciDAC）计划。

美国国家科学基金会一直是美国数学科学最大的支持者，它是专门将很大一部分资金投入核心数学领域的联邦机构（美国国家安全局外部计划的重点是核心数学，但其规模相当小）。

表 C-1　美国数学科学的联邦政府资助（单位：百万美元）

	2005	2006	2007	2008	2009	ARRA	2010	2011	2012 估计
NSF									
DMS	200	200	206	212	225	97	245	240	238
DOD									
AFOSR	30	32	35	37	45	0	52	58	47
ARO	10	14	14	12	13	0	12	16	16
DARPA	19	16	26	19	21	0	12	16	28
NSA	4	4	4	4	4	0	7	6	6
ONR	14	13	14	14	23	0	20	22	24
DOD 合计	77	79	93	85	104	0	103	118	121
DOE									
应用数学计划	30	32	33	32	45	0	44	46	46
SciDAC 计划	0	3	42	54	60	0	50	53	44
DOE 合计	30	36	75	86	105	0	94	99	90
NIH									
NIGMS	35	38	45	45	47	0	50		
NIBIB	38	39	38	38	38	0	39		
NIH 合计	73	77	83	83	85	0	89		
合计	380	391	456	466	519	97	531	457	449

注：预算信息是近似值，它来自机构文件和美国数学学会工作人员与机构计划经理和代表的谈话。根据美国数学学会报告的作者塞缪尔·兰金 III 2011 年 10 月 31 日的个人通信，对美国国立卫生研究院的资助主要是内部资金，因此夸大了更广泛范围内的资助力度，而表 C-1 中所示的能源部的总资助包括对能源部国家实验室的研究人员提供的大量资金。表 C-1 中的其他款项为外部资金。此编译来自于商务部人口普查局和国家技术研究所开展的一些数学科学研究。

资料来源：塞缪尔·兰金 III，2011 财年预算中的数学。数学学会通告，57（8）:988-991。

2010 财年预算中的数学科学。数学学会通告，56（8）：1285-1288。

2009 财年预算中的数学科学。数学学会通告，55（7）：809-812。

2008 财年预算中的数学科学。数学学会通告，2007，54（7），872-875。

2008 财年预算中的数学科学。数学学会通告，53（6）：682-685。

2012 年 10 月 3 日，来自 2012 年与塞缪尔·兰金 III 的个人通信的数据，2010 年和 2011 年修订的数据。

美国私营部门的数学科学资助

美国西蒙斯基金会是数学科学相对较新的一个资金来源，正在成为一个主要的支持来源。西蒙斯基金会的数学和物理科学计划侧重于“数学辐射出来的理论性学科：特别是数学、理论计算机科学和理论物理领域”。2009 年，西蒙斯基金会启动了一项计划，为数学和与数学相关的物理科学理论研究提供预计每年 4000 万美元的资金。该初始资金大部分用于资助 46 所高校的 68 个博士后职位。

西蒙斯基金会每年还将资助 40 位美国和加拿大的科研人员，作为西蒙斯会员计划，其目的是增大从课堂教学和学术管理中脱离出来的研究机会，延长持续整个学年的公休假。在较小规模，不超过 7000 美元的个人资助专门用于合作相关的支出费用（如差旅费）。其他数学资助的形式为数学+X 补助，为大学提供匹配的养老补助金（高达 150 万美元），创建新的终身职位，使数学和其他科学或工程部门之间共享。数学+ X 补助还支持了一位博士后研究人员和两名研究生（每年总额为 325000 美元）。西蒙斯基金会正在资助一个新的计算理论研究所，每年提供 600 万美元的支持，共支持 10 年。

克雷数学研究所（CMI）是另一家私人资助的组织，其目的是鼓励和传播数学研究。它支持处于职业生涯各个阶段的数学家，并组织会议、研讨会和年度暑期班。

美国数学学会（AIM）的部分资金来自Fry基金会的私募基金，由美国国家科学基金会提供额外资金。美国数学学会的目的是，通过重点研究、主办会议和在线数学图书馆的开发，扩大数学知识前沿。

联邦财政支持来源

美国国家科学基金会

美国国家科学基金会是数学科学研究的主要联邦资助机构，并且是提供数学核心领域重要外部支持的唯一机构。美国国家科学基金会的数理科学部是支持数学科学的重要部门，支持以下计划：

- 代数与数论；
- 数学分析；
- 应用数学；
- 组合数学；
- 计算数学；
- 基础数学；
- 几何分析；
- 生物数学；
- 概率和统计；
- 拓扑学。

数理科学部对数学的其他资助机会包括，专项研究计划、培训计划（如本科生的研究经验、科研培训组，以及博士后研究奖学金），职业发展计划，以及研究所计划。

2007年，数理科学部的资助率为35%，2008年为31%，2009年为37%。2005—2008年，数理科学部每年收到约2200份申请书，2009年增加到2300

份，当时联邦刺激计划（ARRA）的资金补充了美国国家科学基金会的资金。2005 年、2006 年和 2007 年，数理科学部每年资助约 680 份申请。2008 年，资助项目总数为 770 个，而 2009 年达到 840 个。2008 年，资助项目的平均资助经费为 61000 美元。

美国国防部

美国国防部（DOD）主要通过以下五个组织为数学科学提供外部经费：美国空军科学研究办公室（AFOSR）、陆军研究办公室（ARO）、美国国防部先进研究项目局（DARPA）、国家安全局（NSA）和海军研究办公室（ONR）。国防部是提供美国数学科学研究外部经费的第二大联邦资助机构。它还支持内部数学科学研发，特别是支持国家安全局、空军研究实验室（AFRL）和海军研究实验室（NRL）的数学研究。美国国家安全局是雇佣数学家最多的机构。这些内部研究计划的详情目前无法轻易获得，它们不一定都按学科进行分类，下面的讨论仅限外部计划。

美国空军科学研究办公室每年的资助经费持续增长，在国防部内部是提供经费最多的机构，如表 C-1 所示。美国空军科学研究办公室对数学科学的支持大部分来自数学、信息和生命科学理事会。该理事会重点关注的数学科学领域包括：集体行为和社会文化建模、复杂网络、计算数学、动力学与控制、信息科学、计算、融合、信息作战和安全性、认知和决策数学建模、优化和离散数学、强大的智能计算、系统和软件。

陆军研究办公室的外部数学科学计划是适度的。它资助四个方面的研究：概率与统计、复杂系统建模、数值分析和生物数学。

海军研究办公室的数学科学研究大部分来自指挥、控制、通信、计算机、情报、监视、侦察部门（C4ISR）。该部门划分为三个分部门：数学、计算机和信息研究部；电子、传感器和网络研究部；应用与过渡部。数学、计算机和信息研究部重点研究：应用计算分析、指挥和控制、图像分析和理解、数据分析和理解、信息集成、智能和自治系统、数学优化、信号处理，以及软件和计算系统。电子、传感器和网络研究部重点研究：通信和网络分析、信号处理，以及其他非数学领域。应用和过渡部重点关注表面和航天侦察计划、通信和电子作战计划。

美国国防部先进研究项目局内部的数学科学资金大部分来自于国防科学办公室（DSO）。国防科学办公室的数学计划包括一个应用和计算数学部分，其中包括信号和图像处理、生物、材料、传感和复杂系统设计。该数学计划还包括一个基础数学部分，重点探索未来具有相关应用潜力的核心领域。这些基础领域包括：拓扑和几何方法，从数据中挖掘知识，联系数学关键领域的新方法。

美国国家安全局有一个非常大的数学科学研究内部计划。虽然其外部计划规模小，但很重要，因为它是核心数学领域为数不多的美国国家科学基金会以外的资助来源之一，为代数、数论、离散数学、概率和统计中的非保密研究提供资助。它还有一个为初级、中级和高级研究人员提供资金的研究计划，还有 MSP 资金会议、研讨会、特殊情况建议，以及数学家、统计学家和计算机科学家的休假计划。

美国能源部

美国能源部（DOE）的先进科学计算研究办公室（ASCR）的应用数学计划支持基础研究，以促进与美国能源部任务有关的基础数学进步和计算突破。应用数学研究计划支持开发强大的数学模型、算法和数值计算软件，对美国能源部相关的复杂系统进行预测性科学模拟。研究包括求解常微分方程和偏微分方程数值方法、多尺度和多物理建模、分析和模拟、求解线性和非线性方程组的大型系统的数值方法、优化、不确定性量化和大型数据分析。该计划是为了应对基础性、算法和超大规模数学挑战。目前，应用数学计划大约有三分之二的资金用于支持能源部国家实验室的研究人员，三分之一的资金用于支持学术界和工业界的研究人员。

先进科学计算研究办公室的先进计算科学发现（SciDAC）计划支持数学方法、算法、数据库和软件的开发，实现能源部加快利用高性能计算的便携性和互用性。

美国国立卫生研究院

美国国立卫生研究院的 27 个研究所和中心（ICS），有几家支持数学、计算和统计方法和新兴应用的发展，将其应用于生物学、生物医学和行为研究。对这些领域特别关注的机构有美国国家综合医学研究所（NIGMS）、美国国家生物医学成像和生物医学工程研究所（NIBIB）、美国国家癌症研究所（NCI）和人类基因组研究所（NHGRI）。美国国家综合医学研究所与美国国家科学基金会/数理科学部开展合作，管理一项数学生物学计划，帮助广泛的数学科研人才有获得资助的机会。美国国家生物医学成像和生物医学工程研究所侧重于成像技术和生物工程的应用。表 C-1 只包括来自美国国家综合医学研究所和美国国家生物医学成像和生物医学工程研究所的外部资金。

美国国立卫生研究院的几个机构，如美国国立癌症研究所，开展了大量的生物统计学、科学计算、计算生物学研究，以及其他领域的研究。表 C-1 未包括这些内部计划。美国卫生及公共服务部（美国国立卫生研究院的上级机构）其他部门，如卫生保健研究与质量局，支持数学科学的一些外部研究。

美国大学授予数学科学学士学位、硕士学位和博士学位的人数

2006—2010 年，美国大学的数学和统计学系每年授予本科学位大约 24000 个。2010 年，美国大学的数学和统计学系的学士学位、硕士学位、博士学位的 43% 授予了女性，其中近 50% 是学士学位。

跟踪调查数学科学硕士学位的结果表明，2006—2010 年，美国大学授予了 4000 多个数学科学硕士学位，约 40% 授予了女性。数学博士学位的数量也在上升，2010—2011 学年达到 1653 个新博士学位。图 C-1 给出了根据部门划分的 2010—2011 学年学位占比情况。图 C-2 显示了 2001—2002 学年至 2010—2011 学年按部门划分的年度数据趋势。在 2010—2011 年授予的所有数学博士学位中，49% 的获得者是美国公民，32% 的获得者是女

性。图 C-3 给出了 2010—2011 学年各部门博士学位获得者的雇佣情况。

最后，图 C-4、图 C-5 和图 C-6 提供了学生在高中毕业后，本科生、硕士生和博士生各种层次的数学科学专业学生的民族构成基本数据。

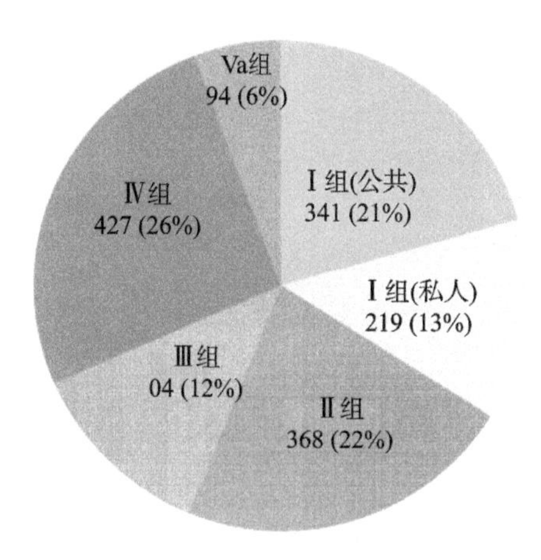

图 C-1　美国各部门授予的数学科学博士学位的数量和百分比

Ⅰ组是指根据美国国家研究理事会的排名得分 3.00—5.00 的部门。Ⅰ组公共和Ⅰ组私人是指公共部门和私人机构部门。Ⅱ组是指得分 2.00—2.99 的 56 个部门。Ⅲ组是指美国可以授予博士学位的其他部门。Ⅳ组是指美国的统计、生物统计学、生物信息学可以授予数学博士学位的部门

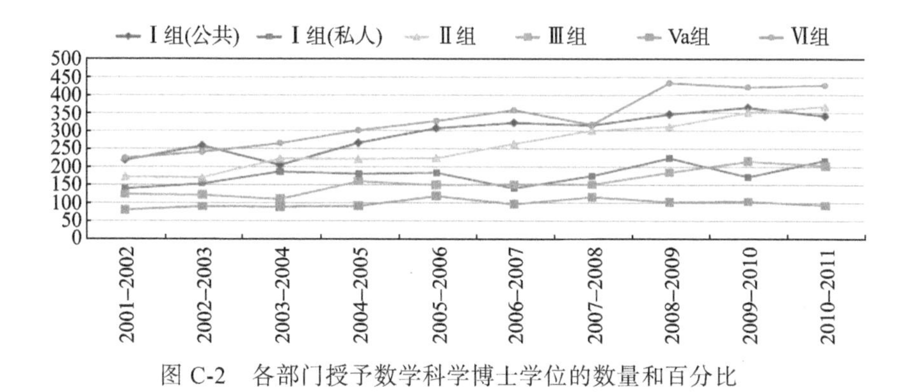

图 C-2　各部门授予数学科学博士学位的数量和百分比

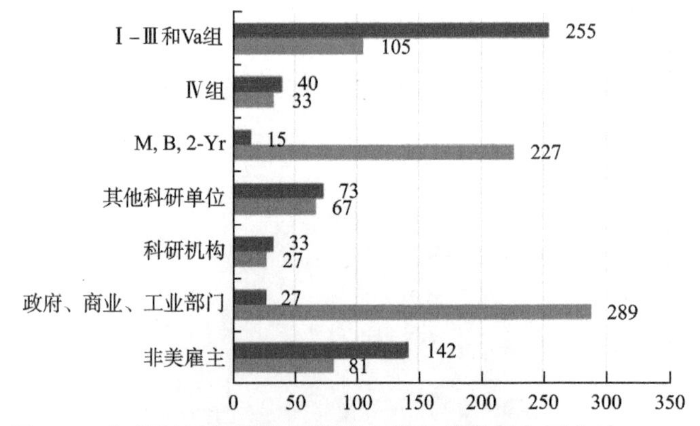

图 C-3　各部门授予数学科学博士学位的数量和百分比

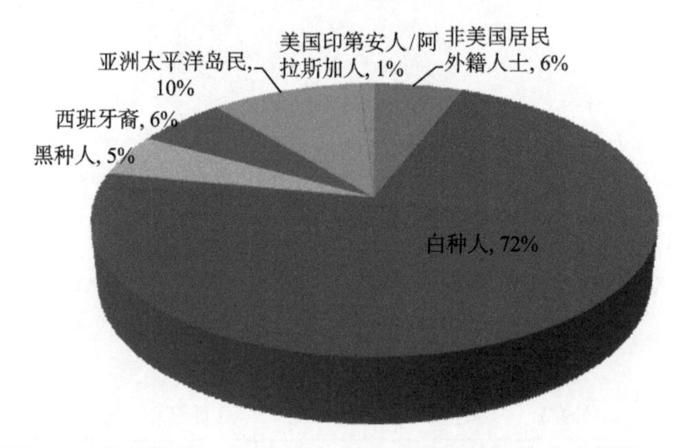

图 C-4　美国数学、统计学专业学士学生的民族分布情况

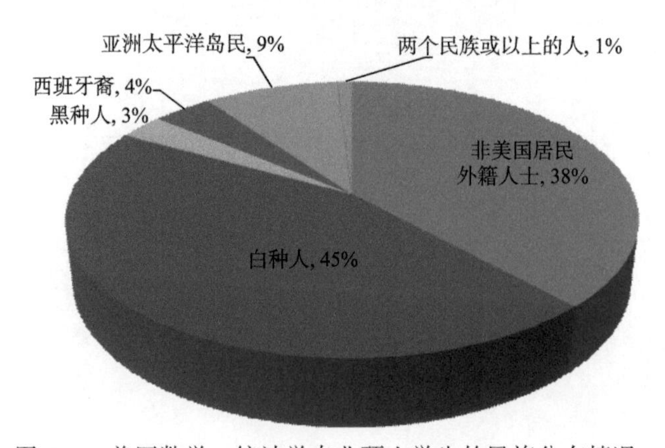

图 C-5　美国数学、统计学专业硕士学生的民族分布情况

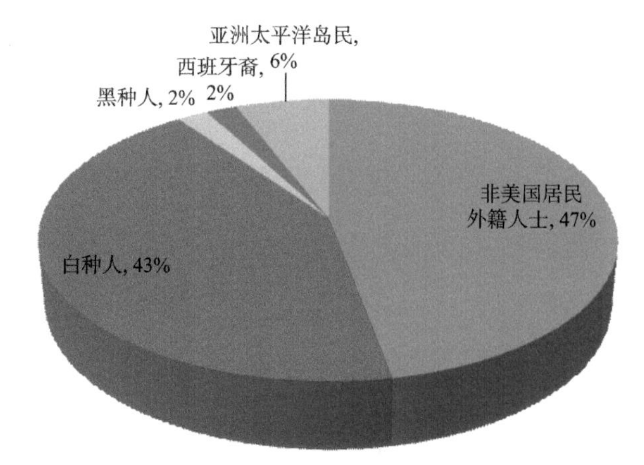

图 C-6　美国数学、统计学专业博士学生的民族分布情况

附录 D

数学科学在科学与工程中的作用实例

天文学和物理学的需求实例

数学不断遇到物理学提出的新挑战，未来几年内可能有新的机会。例如，广义相对论、黑洞的数学描述及其旋转中仍存在未解决的数学问题。激光干涉仪引力波天文台（LIGO）项目可能会产生数据来刺激这些方向的发展。在另一个方向，理解玻耳兹曼方程收敛性的最新数学进展可能为一些根本性问题取得进展打开大门。

对于一些具体的需求，2025 年数学科学委员会审查了 2003 年美国国家研究委员会（NRC）的报告《从太阳到地球——以及更远地方：太阳物理学和空间物理学的十年研究战略》，该报告提出了太阳物理学和空间物理学的一些重大挑战，进而对数学科学带来的相关挑战。例如：

挑战 认识太阳内部的结构和动力学、太阳磁场的产生、太阳活动周期的起源、太阳活动的原因、日冕的结构和动力学。

这一挑战将需要多尺度方法和湍流的复杂数值模拟。其他的例子是：

在未来的 10 年，卫星集群和大型地基仪器阵列的部署将在很宽的空间尺度范围内提供丰富的数据。结合数据分析，理论和计算模型将在整合这些数据分析，并将它结合到等离子体行为的第一原理模型中发挥核心作用……耦合复杂性研究计划将解决空间物理学中的多过程耦合、非线性和多尺度和多区域反馈。该计划同时发展耦合整体模型和精心挑选的不同理论问题的协同研究。对于理解空间物理学耦合复杂性方面的重大进展，复杂的计算工具、基本理论分析和最先进数据分析都必须集成在同一个计划中。

未来10年将出现可用的大型空间物理数据库，将要集成到基于物理学的数值模型中。直到最近，太阳物理学界和空间物理学界不必像气象学家一样，需要解决数据同化问题。但是目前这种情况正在迅速变化，特别是在电离层部分，太阳物理学家和空间物理学家们也必须解决数据同化问题。

另一个例子来自2008年的美国国家研究委员会报告《高端计算能力对科学与工程的四个领域的潜在影响》。该报告遴选了四个不同领域面临的主要研究挑战，以及依赖计算进展的分子领域面临的挑战。计算进展与数学科学研究紧密相关。对于天体物理学，报告确定了以下基本需求。

各种各样的数学模型、数值算法和计算机代码用于解决天体物理学问题（本报告确定的天体物理学六大挑战中的四个挑战都依赖先进计算），本节讨论了一些数学最重要的挑战。

- N体代码。研究非碰撞暗物质的动力学，研究恒星、行星动力学所需要的N体代码。数学模型是每个粒子的一组一阶微分方程，粒子具有根据每个粒子与所有其他粒子引力相互作用计算的加速度。集成粒子轨道需要偏微分方程的标准方法，近距离粒子具有可变时间步长。对于重力加速度（主要的计算挑战），直接求和、树算法、基于网格的方法都用来计算泊松方程的引力势。
- 质点网格法（PIC）代码。研究弱碰撞、稀释等离子体的动力学所需要的质点网格法代码。该数学模型由粒子的相对论运动方程，以及它们产生的电场和磁场的麦克斯韦方程组（一组耦合的一阶偏微分方程）组成。标准的技术基于质点网格法（PIC），其中采用有限差分法在网格上求解麦克斯韦方程组，通过标准常微分方程积分算子计算粒子的运动。
- 流体动力学。研究强烈碰撞等离子体所需要的流体动力学。数学模型包括标准的可压缩流体动力学方程（Euler 方程，一组双曲偏微分方程），并辅以自重力泊松方程（椭圆型偏微分方程）、磁场麦克斯韦方程（一组附加的双曲型偏微分方程）和光子或中微子传输的辐射传输方程（高维抛物型偏微分方程）。采用了各种各样的流体动力学算法，包括有限差分法、有限体积、正交网格上的算子分裂方法，以及天体物理学所独有的颗粒方法，如光滑质点流体动力学方法（SPH）。为了提高广泛尺度上的分辨率，基于网格的方法依赖静态和自适应网格细化（AMR）。自适应网格细化方法大大增大了算法的复杂性，降低了可扩展性，使目前对于一些问题的负载平衡变得复杂。

• 传输问题。需要计算等离子体中光子或中微子能量和动量传输效果。数学模型是七维抛物型偏微分方程。基于网格的（特征）方法和基于粒子的（蒙特卡罗）方法均得到了使用。问题的高维度使第一原理计算变得很困难，所以通常需要简化假设（例如，与频率无关的传输或扩散近似）。

• 微物理。将核反应、化学和电离/重组反应引入流体和血浆的模拟是必需的。数学模型是一组耦合非线性刚性常微分方程（或假设稳态丰度情况下的代数方程），表示反应网络。如果求解常微分方程，通常需要采用隐式方法。整合现实网络与几十个组成种类的隐式有限差分法代价非常高。

在大气科学方面，同一份报告确定了以下必要的计算进展：

“促进大气科学研究需要”发展：①实现最高性能的均匀网格方法的可扩展性；②大气、海洋和陆地建模的新一代局部细化方法和代码……通过耦合模型的不确定性传递问题尤其严重，因为非线性相互作用可以放大一个系统的受迫响应。此外，通常情况下，人们对极值预测不确定性的边界感兴趣，因此与那些研究大样本的均值和方差相比，小概率事件需要完全不同的统计工具。需要新的多尺度系统理论和多物理场耦合更好的量化关系。这非常重要，因为大气建模结果与经济和影响模型耦合。通过耦合系统加深对耦合和不确定性量化的理解，是支持在建模结果基础上做出决定的基础。

工程的需求实例

2008年的美国国家工程院报告《工程的巨大挑战》确定了14项重大挑

战。下面是其中11项挑战，这些挑战依赖相应的数学科学进展，同时需要特定的数学科学研究思想。

• 使太阳能变得廉价。这将需要异质材料的多尺度建模，以及量子尺度行为建模的更好算法，数学科学将对这两方面做出贡献。

• 提供核聚变能。这将需要多尺度模拟、复杂行为（包括湍流）模拟的更好方法，该主题对数学科学家、本领域专家和工程师同时具有挑战性。

• 发展固碳方法。这将需要多孔介质的更好模型，模拟极大规模异质性和多物理场系统。

• 促进健康信息学。需要统计研究，促进从不断增长的数据中得到更精确和更有针对性的推论。

• 更好药物的工程化。需要生物信息学工具和仿真工具，对分子间的相互作用和细胞机械进行建模。

• 大脑反向工程。需要网络分析工具，认知和学习模型，以及信号分析。

• 防止核恐怖袭击。网络分析可以做出贡献，密码研究、数据挖掘和其他智能工具也可以发挥作用。

• 安全的网络空间。需要加密技术和理论计算机科学的进步。

• 增强虚拟现实。需要场景渲染和模拟的改进算法。

• 推进个性化学习。需要机器学习的进步。

• 科学发现工具的工程化。需要促进多尺度模拟的进步，包括改进算法和改进数据分析方法。

一般情况下，工程依赖于数学，随着工程师要求更高的精度，工程对数学的依赖性更强。为了说明数学科学在工程中的广泛作用，列举下面制造业中重大改进的实例，该实例由劳伦斯·伯恩斯在美国国家工程院2011年年会上提出，劳伦斯·伯恩斯是通用汽车公司研发和战略规划副总裁，现已退休：

（1）同步工程；

（2）制造设计；

（3）以数学为基础的设计和工程（计算机辅助设计）；

（4）六西格玛质量；

（5）供应链管理；

（6）丰田生产系统；

（7）生命周期分析。

令人吃惊的是，以上七项中的六项都与数学科学密不可分。第（3）项取决于数学进展，第（4）项依赖统计概念和分析，第（1），（2），（5）和（7）项都依赖模拟能力的进步，模拟能力已经使它们能够表示过程中日益增长的复杂性和保真度。为了创造这些能力，必需数学科学研究。

网络和信息技术的需求实例

总统科技顾问委员会的2010年报告（PCAST）《设计数字化的未来：联邦资助的网络和信息技术研究和开发》确定了网络和信息技术（NIT）“计划和投资”的四项主要建议，以“实现美国的工作重点和推进关键的网络和信息技术处于研究前沿”。其中三项计划依赖数学科学领域正在进行的研究。

第一，数学科学是模拟和建模取得进展的基础：

联邦政府应该对网络和信息技术的能源和传输投资一项国家级的、长期的、多机构的、多方面的研究计划。目前物理系统的计算机模拟中的研究应扩展到包括节能技术的模拟和建模，以及模拟和建模基本技术的进步。

第二，数学科学支持加密技术，提供系统分析工具：

联邦政府应该对网络和信息技术投资一项国家级的、长期的、多机构的研究计划，确保网络基础设施的安全性和鲁棒性。

- 发现构建可信计算和通信系统的更有效方法；

- 继续为今天的基础设施发展新的网络和信息技术防御机制；

- 从根本上开发设计网络基础设施架构的新方法，以便网络攻击、自然灾害和意外故障可以变得真正具有弹性。

第三，数学科学与隐私保护、大规模数据分析、高性能计算和算法具有强烈的相互关系：

联邦政府必须增加对基本网络和信息技术研究前沿的投资，加快优先领域的进展……包括隐私保护和机密数据泄露保护的基本研究计划……数据收集、存储、管理和基于建模和机器学习的大型自动分析的基础研究，继续投资重要的核心领域，如高性能计算、可扩展系统，网络、软件创造和进化以及算法。

该报告还指出，五大主题贯穿了其建议，包括利用日益增加的大数据的必要能力、提高网络安全，以及更好地保护隐私。这些方面的进展需要很强的数学科学研究。

在与网络结构有关的任何科学或工程领域，数学科学都发挥了关键作用。在美国电信的早期，很少有网络存在，每个网络都在单一实体（如AT&T）的控制下。在这种环境下的50多年间，相对简单的话务量数学模型对于网络管理和规划非常有用。当今世界已经完全不同了：充满了多样的、重叠的网络，包括互联网、万维网、多个服务提供商经营的无线网络和社交网络，以及科学和工程应用中出现的网络，如描述生物学细胞内和细胞间过程的网络。围绕互联网的现代技术都使用数学：例如，谷歌的许多创新，如搜索、学习和趋势发现，都基于数学科学。

从互联网到交通网，再到全球金融市场，复杂网络背景下发生着相互作用。这些网络最显著的特征是其规模和全球影响力：它们由具有不同目标和利益的人与代理商建造和运营。当今的许多技术都依赖我们成功建立和维护供多样化用户使用的系统，确保参与者之间的合作，尽管他们的目标和利益不同。如此庞大的、分散的网络提供了惊人的新合作机会，但也存在巨大挑战。尽管当今的网络收集了大量的和关于其自身的数据，关于网络的性质、结构、演化和安全的基本数学问题，仍然引起了政府、创新型企业和广大市民的极大兴趣。

这些网络的庞大规模使得它们的研究难度增大。金融网络的相互关联，使金融往来容易，但2008年的金融危机作为一个很好的例子，证明了互连互通的危险。了解网络受到这种级联故障的程度，是一个重要的研究领域。从一个非常不同的域，环球网的网络结构使其最有用：链接为Web提供网络结构，帮助我们对其导航。但是，连接也是某种形式的认可。该隐式认可网络允许搜索引擎公司，如谷歌，有效地找到有用的页面。理解如何利用这样一个庞大的网络建议，仍然是一个挑战。

博弈论提供了一个数学框架，帮助我们了解相互作用的预期影响，并形成良好的设计原则，建造和运营这样的网络。在此框架下，我们将每个参与者作为非合作博弈的参与者，其中每个参与者选择一个策略，试图优化自己的目标函数。每个参与者博弈的结果不仅取决于自己的策略，同时也取决于所有其他参与者所选择的策略。该新兴领域正在结合许多数学领域的工具，包括博弈论、优化和理论计算机科学。网络的出现和网上社会制度也给图论带来了一个重要的新应用领域。

生物学的需求实例

2009年美国国家研究委员会报告《21世纪的新生物学》用很大篇幅论述生物学依赖数学科学进步的新兴机会。以下是引用该报告的部分内容：

• 对其分子和细胞水平的生长和发展建立计算模型。新生物学将生命科学研究与物理科学、工程、计算科学和数学结合在一起，促使建立细胞和分子水平的植物生长模型。这样的预测模型，结合植物多样性，以及植物之间进化关系的综合方法，将产生新型科学植物育种，其中可以有针对性地对待遗传变化，可预见地产生适应其生长条件的新型作物。目前正在开发新生物学定量方法，利用新一代DNA测序，通过定量性状映射，确定父母品种基因组中的差异，以及哪些父母基因伴有特别需要的性状。

• 需要基础知识进步和新一代工具和技术，了解生态系统如何运作、衡量生态系统服务，恢复受损的生态系统，减少人类活动和气候变化的有害影响。新生物学统一了数学、建模与计算科学的语言，结合了生态学与有机体生物学、进化和比较生物学、气候、水文、土壤科学、环境、土木和系统工程的知识基础。这种集成有可能使我们产生突破性能力，监测生态系统的功能、识别处于风险的生态系统，制定有效的干预措施，保护和恢复生态系统的功能。

• 最近的进步正在使生物医学研究人员开始更全面地研究人类，因为个人的健康是由这些复杂结构和代谢网络之间的相互作用决定的。从基因型到显型，每个网络与许多其他网络通过复杂的接口（如反馈循环）互锁。监测、报告和反映人类健康变化的复杂网络研究，是生物学中未来呈指数级发展的一个领域。目前，计算和建模方法可以对这些复杂系统进行分析，最终目标是预测单个组成部分的变化如何影响整个系统的功能。已经确定了许多部分，描述了某些循环和相互作用，但真正的理解还任重道远。结合物理学和计算分析、建模和工程的基础知识，新的生物学方法，将是在可预见水平理解这些复杂网络的唯一方式。

• 胚胎如何发育、免疫系统细胞如何区分这些复杂事件，必须从一个全局和详细的视角考虑，因为它们由一组分子机制组成，在巨大基因网络中互连的交叉点。关键是要采取更广阔的视野，分析整个基因调节网络和复杂生物系统中的事件环路。在网络水平分析开发和鉴别系统，对于理解主页和器官如何组装等复杂事件将是至关重要的。蛋白质网络在生化水平交互，形成复杂的代谢机理，产生不同的细胞产品。整体理解这些和其他复杂网络，为诊断网络组成细微变化导致的人类疾病提供了可能性。

• 最复杂、最吸引人，但又了解最少的网络，就是神经细胞环路，它们以协调的方式动作，产生学习、记忆、运动和认知。理解网络将需要越来越复杂的定量技术，测量中间体和输出，这反过来又要求研究网络的数学与计算方法的概念和技术进步。

该报告讨论了一些数学科学促进新生物学发展的具体方式：

数学支撑了生物学领域，产生了概率和组合方法。组合算法对于解决基因组组装、序列比对和基于分子数据的系统发育难题必不可少。现在，隐马尔可夫模型和贝叶斯网络等概率模型，已经应用到基因发现和比较基因组学中。统计学和机器学习算法正应用于基因组关联研究，以及分析大型基因表达数据所产生的分类、聚类和特征选择问题。

2008 年美国国家研究委员会报告《高端能力计算对四个科学与工程领

域的潜在影响》，确定了进化生物学的重要挑战，其中一些具有很强的数学特性。以下引用该报告中的部分内容：

•通过标准系统发育分析来比较两个物种之间可能的进化关系，可以使用最大简约法，它假设最简单的答案就是最好的，也可以用基于模型的方法进行。最大简约法需要替代系统发育树的计数特性变化，以便找到使特性转换数量最少的树。基于模型的方法采用特性变化的具体模型，使用最小化标准，选择不同的采样树，涉及寻找可能性最大的树。无论在简约框架还是基于模型的框架中，计数或优化树的变化，都是一个计算上有效的问题。随着分析的单元（或序列）的数量急剧扩大，取样所有可能的树，以找到最佳的解决方案。人们早已认识到，即使是找到中等大小系统发育问题的确切解决方案也是 NP-完全问题。人们引入了许多算法，启发式地搜索整个树空间，这些算法广泛被生物学家采用，他们使用从桌面工作站到超级计算机的不同平台。这些算法包括方法模拟退火、遗传（进化）算法搜索和贝叶斯马尔可夫链蒙特卡罗（MCMC）等。

• 大量 DNA 序列数据的积累，以及人们对分子进化理解的不断深入，已经出现了分子进化变化日益复杂的模型。这些分子模型要求的参数空间扩大，增加了系统育种学家所面临的计算挑战，特别是在数据集的情况下，数据集结合了许多基因，每个基因都有自己的分子动力学。系统育种学家越来越关心统计上合理的分支支持估计措施。在基于模型的方法中，这样的程序需要很大的计算量，并且模型结构随着分类单元的数目和数据的异质性显著增大。人们越来越多地关注分子进化的统计模型。

• 一个严峻的重大计算挑战是，如何产生发育的定性和定量模型，作为将复杂的演化模型应用于发育过程演变的一个必要前提。发育生物学家刚刚开始创建分析所需的算法，基于相对简单的反应速率方程，但进展迅速。该领域的另一个重要突破是基因调控网络的分析，基因调控网络描述了引导发育的途径和相互作用。

• 现代测序技术产生相对较短的基因组序列片段，从 25 到 1000 个碱基对。整个基因组大小范围从具有数百万个碱基对的典型微生物序列到包含数十亿个碱基对的动植物序列。环境样品的“宏基因组”测序混合了几十到几百个不同物种、不同生态型的片段。目前的挑战是获得这些短的子序列，并对其组装，重组物种、生态系统的基因组。虽然片段组装问题是 NP–完全问题，但启发式算法已经产生了数以百万计高质量的基因组重组。最近的趋势是朝着测序方法发展，低成本地产生大量（亿万）的超短序列（25—50 bp）。技术和算法挑战包括以下几点：

- 所有片段对齐的并行计算。

- 发展方法，遍历片段对齐产生的图形，最大限度地提高组装路径的某些特征。

- 片段对齐图形的启发式修剪，消除实验上不一致的子路径。

- 原始测序数据的信号处理，产生更高质量的片段序列，更好地表征自身的错误轮廓。

- 建立序列组装问题新表征，如串图，表示数据集内的数据和组装。

- 大量个体容易出错测序数据与参考基因组的对准，以从噪声数据中识别和表征个体的变化。

- 通过产生和分析一组模拟数据集，证明新方法是可行的。

• 一旦我们有了一个重构的基因组或宏基因组序列，进一步面临的挑战是识别和表征其功能单元：蛋白质编码基因、包括多种小 RNA 的非编码基因，以及控制基因表达、拼接和染色质结构的调节单元。识别这些功能区的算法，使用序列固有的作为特定类型功能区特征的统计信号，以及密切的或关系较远的序列比较分析。信号检测方法集中在隐马尔可夫模型及其变化。二级结构计算利用随机的、与背景无关的文法，表示大范围的结构关系。

• 对比方法需要高效的对准方法和复杂的统计模型的发展，这些方法和模型与序列演化相关统计模型通常会对给定具体的演化模型，定量地为其检测对准的可能性进行建模。虽然早期模型独立对待每一个位置，但随着大型数据集的出现，现在的趋势是引入各站点之间的相关性。为了比较几十个相关序列，系统发育分析方法必须与信号检测结合。

医学的需求实例

在医学领域，人们越来越多地认识到与数学科学家合作的好处，甚至包括过去几乎与数学没有关系的临床领域。在医疗成像、药物发现、遗传性疾病相关的基因发现、个性化药物、治疗验证、成本效益分析和机器人手术等领域，都应用数学科学。数学科学在医学中的作用非常重要，这里只列举几个例子。

一个例子是美国国家癌症研究所资助的物理学肿瘤办公室的一项计划，该计划支持开发认识和控制癌症的创新方法，目前正在寻找包括数学科学家的研究团队。在建立复杂癌症模型、优化癌症化疗方案，以及将数据快速引入模型和治疗中，出现了一些与数学科学相关的问题（如附录 C 所示，美国国立卫生研究院每年为数学科学研究拨款约 9000 万美元）。另一个例子是， 2011 年 2 月出版的《物理生物学》，其中文章标题包含与数学有关短语有："随机动力学""细观力学""进化博弈理论观点"和"癌症的伊辛模型及其他"。同样地，2011 年 7 月《癌症发现》发表的研究亮点介绍了"统计方法的发展，方法映射出癌症出现异常的顺序"。这样的交叉研究将会越来越多。

恢复科学的可重复性

《华尔街日报》的一篇文章讲述了下面的故事：

两年前，一些波士顿的研究人员发表了一项研究，描述他们是如何通过一种叫 STK33 的靶点蛋白来消灭癌症肿瘤的。生物技术公司安进公司的科学家迅速跟进，安排了二十位研究人员尝试重复这个实验，期望能研发出一种相关药物。事实证明这既浪费时间，又浪费金钱。经过六个月深入细致的实验研究后，安进公司发现无法重复实验结果，于是终止了该项目。

“我感到失望，但并不感到惊讶”，安进公司加利福尼亚州千橡研究副总裁格伦·贝格利称，“我们常常无法重复学术期刊上发表的研究结果。”

一篇相关的文章报道了拜耳医药保健有限公司开展的一项研究，他们审查了发表的67篇研究论文，拜耳公司曾试图重复这些论文的研究结果。不到四分之一的研究结果基本上可以重复，而超过三分之二的文献研究结果无法重现，拜耳公司只好终止了大部分项目。

这种文献研究结果不可重现的原因之一是发表论文的压力和不能发现结果的矛盾。

文献研究结果不可重现的另一个原因是不准确的统计分析。原因包括从不科学的数据选择（数据无法支持这种说法）到缺乏对统计方法的理解。作为后者的一个例子，尼乌文赫伊斯等评审了五个顶级期刊的513篇行为、系统和认知神经科学论文，目的是寻找比较了两个实验效果的文章，看它们是否有显著差异。他们发现，在进行了这种比较的157篇文章中，有78篇使用了正确的统计程序，测试两方面的影响的差是否显著不同于0，其中有79篇使用了不正确的程序。不正确的程序分别针对没有影响的空假说测试每一个实验效果，如果一个效果显著异于零，但另一个效果不是，则宣称效果之间存在显著的差异。当然，即使当两个效果基本上相同（例如，如果一个的p值是0.06，而另一个的p值是0.05），这也可能发生。

长期以来，确保准确的统计分析一直是一个科学问题，当今日益庞大的数据使准确的统计分析越来越糟糕，这些数据允许彻底探索“文物”。这些文物可以是令人兴奋的新科学，也可以简单地从数据中作为噪声出现。

在最近关于药物发现过程的谈论中，以下面的数字作为说明：

- 为生物活性筛选了10000种相关的化合物。
- 500种通过了初始筛选，并进行了体外实验。
- 25种通过了筛选，并在一期动物试验中研究。
- 1种通过了筛选，并在昂贵的二期人体试验中研究。

通常情况下，假设在统计显著性水平为0.05的基础上进行筛查，这些数字与只与噪声的存在完全一致。（即使10000种化合物在开始时没有任何效果，但大约有 5% 的化合物在第一次筛选时似乎有效果，经过筛选的 500 种化合物中的大约 5% 会对第二次筛选产生效果。）

这个问题通常被称为“多重性”或“多重测试”问题，不仅对于药品开发至关重要，而且在微阵列和其他生物信息学分析、症状监测、高能物理、高通量筛选、亚组分析中也很重要，任何科学领域都面临着数据泛滥。统计学和数学的重大进展可以应对挑战多样性和帮助恢复科学的可重复性。

附录 E

旨在提高女性和少数族裔参与数学科学计划比例的项目

针对女中小学生的（K-12）计划

——所有女孩/所有数学（http://www.math.unl.edu/programs/agam/）

内布拉斯加-林肯大学为对探索高中课程以外的数学题目感兴趣的高中女生提供为期一周的夏令营。参加者接受了为期一周的课程，并参与其他令人兴奋的数学科学话题讲座。夏令营组织形式是，参与者由女数学教授讲授课程，并由数学系毕业的女学生陪护。另外，还有一位卓越女数学家作主题演讲。

索尼娅·可巴雷斯基高中数学日

（http://sites.google.com/site/awmmath/programs/kovalevsky-days）

女性数学协会（AWM）向全国高校提供了高达3000美元的资助，支持索尼娅·可巴雷斯基高中和初中数学日。该计划目前由美国国家科学基金会提供的资金支持，包括女性高中或初中学生和老师的研讨会计划、演讲和解决问题比赛。索尼娅·可巴雷斯基日的目的是“鼓励年轻女性继续从事数学研究，帮助他们完成从初中数学到高中数学的艰难过渡，以及从高中数学到大学数学的艰难过渡，帮助女性数学老师，鼓励高校与初中和高中之间的更广泛合作”。

女性张量基金和数学资助

（http://www.maa.org/wam/tensor.html）

美国数学协会为高校数学教师和中学数学教师资助高达6000美元的经费，旨在鼓励高校女生、高中女生和初中女生学习数学。这项计划由张量基金会资助，支持以下活动：

- 为对数学、数学科学感兴趣的女性组织一个俱乐部；
- 创建女性专业导师网络，指导女生数学项目；
- 召开辅导员会议，让他们做好准备，以鼓励妇女和女孩继续学习数学；
- 为高中女生举办暑期数学课程；
- 让高中女生随访大学校园的“数学日”；
- 为高中女生、大学女生设立一项计划，指导年轻女性数学学生参与数学项目或数学俱乐部；
- 与业界结成伙伴关系，使女学生熟悉数学的现实应用；
- 提供资金资助教师为女性数学课程备课，前提是主办机构同意提供这样的课程。

针对女性本科生和研究生的计划

爱丽丝 T. 谢弗奖

（http://sites.google.com/site/awmmath/programs/schaferprize）

妇女数学协会（AWM）颁发给居住在美国的卓越数学本科女生。

妇女数学协会学生分会

（http://sites.google.com/site/awmmath/programs/studentchapters）

妇女数学协会学生分会定期举行会议和活动，向所有本科生和研究生开放，与专业或性别无关。这些会议和活动，让学生接触专业数学，获得有关各种数学职业选择的信息，与专业数学家形成网络，并培养领导能力。学生分会的活动包括举办学生或当地数学家参加的系列讲座、实地探访数学家，通过辅导等活动、野餐或宴会等社会聚会，为青少年制定辅导方案，如职业生涯日等特殊事件。

女研究生和女博士后数学家研讨会

（http://sites.google.com/site/awmmath/programs/workshops）

妇女数学协会为女研究生和女博士后举行了一系列的研讨会，以配合主要的数学会议。这些研讨会包括研究生海报会议、博士后演讲、辅导事件，以及职业生涯研讨会。研讨会参与者在自己职业生涯的各个阶段有机会接触其他女数学家。

女研究人员的差旅费补助

（http://sites.google.com/site/awmmath/programs/travel-grants）

妇女数学协会管理妇女的旅费补助，支持她们参加研究会议和长期访问导师。旅费补助的目的是提高女性数学家的研究活动，提高女性数学家在各种研究场合的知名度。

女性的辅导差旅费补助

（http://sites.google.com/site/awmmath/programs/travel-grants/mathematicsmentoring-travel-grants）

妇女数学协会提供数学辅导差旅费补助，以帮助初中女生发展与资深数学家的长期工作关系和师徒关系。这种关系帮助年轻数学家建立她的研究计划，并最终获得终身职位。每项补助资助无终身职位的女数学家到一个机构或一个部门与指定的个人开展为期一个月的研究所需的差旅、住宿及其他所需费用。申请人和导师的研究领域必须是美国国家科学基金会/数理科学部支持的领域。

针对少数族裔中小学生的（K-12）计划

Joaquin Bustoz 数学科学荣誉计划（http://mshp.asu.edu/）

美国亚利桑那州立大学（ASU）开展了学术计划，为少数族裔学生在高中毕业之前开始大学数学科学研究提供一个机会。所有费用由亚利桑那州立大学支付，参与者住在亚利桑那州立大学坦佩校园，参与学习为获得大学学分的大学级数学课程。

路易斯安那州预备（LaPREP）计划（http://www.lsus.edu/offices-andservices/community-outreach/laprep-program）

路易斯安那州预备计划是一项为期两个夏天的计划，确定、鼓励有能力的初中和低年级高中学生，为完成大学数学、科学或工程学位课程做准备。参与者参加为期 7 周的课程和研讨会，这些课程和研讨会对智力要求很高，强调抽象推理、问题解决和技术写作技巧，穿插了实地考察的内容。超过两个暑期班的数学研究课题包括逻辑学、代数结构、概率和统计。

数学、工程、科学成就计划（MESA）（http://mesa.ucop.edu/）

数学、工程、科学成就计划资助的对象是加州的非裔美国人、美国印第安人、墨西哥裔美国人、拉丁裔美国人，在历史上他们一直未在以数学为基础的领域充分发挥作用。数学、工程、科学成就计划加州大学伯克利分校和加州州立大学（CSU）校长办公室资助初中生和高中生的实地考察和其他活动。每年数学、工程、科学成就都计划有一天举办科学奥林匹克。

数学密集暑期研讨会（MISS）（http://www.fullerton.edu/sa/miss/）

数学密集暑期研讨会是一个暑假期间在加州州立大学富尔顿分校举行

的为期 4 周的通勤计划，旨在帮助女性少数族裔高中生成功完成自己的大学预科数学班。参与者学习代数 II 主题，为在秋天回到学校后学习代数Ⅱ或综合数学Ⅲ做准备。所有费用由加州州立大学富尔顿分校支付。

张量-SUMMA 资助：加强少数族裔的数学成就（http://www.fullerton.edu/sa/miss/）

美国数学协会为高校数学科学系和部门资助 6000 美元的经费，旨在鼓励初中生和高中生追求和享受数学学习，或资助大学的数学领域团队。这项计划由张量基金会资助，用于支持筹备数学科学内的竞争、数学圈、学生团体和个人的研究经验、暑期数学营和数学俱乐部活动。

得州新生工程计划（http://www.prepusa.org /portal/ texprep）

得州新生工程计划资助对工程、科学、技术和其他数学相关领域感兴趣的初中生和高中生，加强他们在这些领域的职业生涯潜力。得州新生工程计划是整个得克萨斯州所有高校开展的一项合作，鼓励学生在学校早早开始为科学和工程职业生涯道路做准备。在这些领域的女性和少数族裔群体仍然是资助目标。

针对少数族裔本科生和研究生的计划和组织

加州州立大学联盟少数族裔参与计划（http://students.ucsd.edu/academics/research/undergraduateresearch/opportunities/camp.html）

许多加州州立大学和社区学院合作有加州州立大学联盟少数族裔参与计划，旨在提高科学、工程和数学领域的学士学位获得者数量，这些领域以往存在弱势群体。加州州立大学联盟少数族裔参与计划涉及科学、工程和数学学生在其整个本科生涯的丰富活动。虽然各个校园的活动不同，但学生们经常会参与数学学术年讲习班的两个夏天的紧张工作，支持他们的数学科学课程和研究实习。这项计划由美国国家科学基金会资助。

加州少数族裔参与联盟

加州的许多大学分校都有加州少数族裔参与联盟计划（CAMP），为化学、工程、数学、物理、科学或其他专业的少数族裔本科生提供支持及发展机会。加州少数族裔参与联盟的参与者可以利用旨在满足文化和多元智力组学生需求的事件和服务。加州少数族裔参与联盟一些活动包括研讨会、研究项目、教师会议和奖学金。参加者必须是少数族裔（非洲裔、墨西哥裔、拉美裔、美国土著或太平洋岛民），专业是化学、工程、数学、物理或其他学科。

女性教师的资源

- Ruth I. Michler 纪念奖
（http://sites.google.com/site/awmmath/programs/michler-prize）
- 女性研究人员差旅补助
（http://sites.google.com/site/awmmath/programs/travel-grants）
- 女性辅导差旅补助
（ http://sites.google.com/site/awmmath/programs/travel-grants/mathematicsmentoring-travel-grants）

鼓励女性参与数学科学的其他资源

- 联合女性数学协会组织会议
（http://sites.google.com/site/awmmath/in-cooperation-with）
- 汉弗莱奖
（http://sites.google.com/site/awmmath/programs/humphreysaward）
- 路易斯海奖
（http://sites.google.com/site/awmmath/programs/hay-award）
- Noether 演讲
（http://sites.google.com/site/awmmath/programs/noetherlectures）
- Falconer 演讲
（http://sites.google.com/site/awmmath/programs/falconerlectures）
- Kovalevsky 演讲
（http://sites.google.com/site/awmmath/programs/kovalevsky-lectures）

- 教师合作

（http://sites.google.com/site/awmmath/programs/teacherpartnership）

- 导师网络

（http://sites.google.com/site/awmmath/programs/mentornetwork）

附录 F

"2025年数学科学委员会"成员和工作人员简介

"2025年数学科学委员会"成员

托马斯·埃弗哈特（Thomas E. Everhart，主席），加州理工学院的名誉校长，电气工程和应用物理名誉教授。埃弗哈特1958年获得英国剑桥大学工程博士学位，1958年进入加州大学伯克利分校，在电气工程和计算机科学系工作20多年。后来在康奈尔大学（1979—1984年）担任工程学院院长，在伊利诺伊大学香槟分校任校长（1984—1987），1987年他在美国加州理工学院任校长。他接受加州大学圣巴巴拉分校的客座教授的任命，成为一名杰出访问教授并担任校长的高级顾问。埃弗哈特博士的荣誉和奖项包括：电气和电子工程师协会（IEEE）百年奖章、1989年美国工程教育学会本杰明克拉克加弗Lamme奖、1992年加州大学伯克利分校克尔奖、1995年加州大学伯克利分校能源与资源小组创始人奖章、2002年IEEE创始人奖章和大川奖。美国国家工程院（NAE）院士、英国皇家工程院外籍院士，曾担任哈佛大学董事会监督员，现在是加州理工学院董事会成员，。目前担任W.M.凯克基金会和Kavli基金会主席。他曾多次担任企业的咨询工作，曾担任雷神公司、休斯、通用汽车、惠普和圣戈班等的委员会董事。

马克·格林（Mark L. Green，副主席），美国加州大学洛杉矶分校（UCLA）数学系教授。获得麻省理工学院（MIT）理学学士学位，普林斯顿大学文学硕士学位和博士学位。毕业后任教于加州大学伯克利分校和麻省理工学院，1975年到加州大学洛杉矶分校担任助理教授。他是美国科学基金会资助的纯数学和应用数学研究所创建负责人。格林博士的研究涉及数学的多个领域：多复变量、微分几何、交换代数、霍奇理论和代数几何。他曾获得艾尔弗雷德斯隆研究基金奖，在1998年柏林数学家国际大会上做特邀演讲，最近当选为美国人文与科学院院士，美国科学发展协会和美国数学学会会员。

坦尼娅·百德尔（Tanya S. Beder），她是1987年成立的SBCC集团财务和风险咨询公司首席执行官和董事长。她还担任加州山景城美国世纪共有基金联合体董事，担任风险管理委员会主席，还任纽约证券交易所上市的专业金融公司CYS投资的董事。1994—2005年，百德尔女士在资产管理行业中担任两个高级职位，一个是卡克斯顿联营有限责任公司常务董事，该公司是一家市值100亿美元的资产管理公司，另一个是担任翠贝卡全球管理有限责任公司首席执行官，该公司是一家市值30亿美元的多重策略基金。在SBCC集团，百德尔女士负责全球战略、危机和风险管理、衍生工具、能力测验、基金发行。百德尔女士是国际金融工程师协会董事会成员，任其投资者风险管理委员会联合主席。1998—2003年，她是该协会的主席。《欧洲货币》评选百德尔女士是世界金融界前50名女性之一，《对冲基金》杂志将她列为对冲基金前50名领先女性之一。担任翠贝卡首席执行官期间，百德尔女士被《绝对回报》授予著名机构投资经理年度奖。2011年，百德尔女士著有《金融工程》、《一种职业的演变》等书，其中讨论了在全球资本市场中衍生产品和复杂工具的用途和误用，在金融领域撰写了众多文章。在斯坦福大学，她讲授《金融工程的战略与政策问题》课程。此前，百德尔女士任教于耶鲁大学的管理学院、美国哥伦比亚大学商业与金融工程研究生院和纽约金融学院。百德尔女士还在哥伦比亚大学和纽约大学柯朗研究所的咨询委员会任职，并获任耶鲁大学国际金融中心会员。获得哈佛大学工商管理硕士学位和耶鲁大学数学与哲学学士学位。20世纪90年代后期，曾任美国国家科学基金会“奥多姆委员会”会员。

詹姆斯·伯杰（James O. Berger），杜克大学统计科学系艺术和科学教授。1974年，获康奈尔大学数学博士学位。1997年前，伯杰博士是美国普渡大学统计系的一名教员，1997年调到杜克大学任教。2002—2009年，他任美国国家科学基金会资助的统计与应用数学研究所（SAMSI）所长。1995年和1996年，伯杰博士任数理统计学院院长，1995年任美国统计协会贝叶斯统计科学分会会长，2004年任国际贝叶斯分析协会会长。他获得的奖项和荣誉包括：古根海姆博物馆和斯隆基金，1985年被授予“考普斯”奖，1993年因对科学做出的贡献获得普渡大学Sigma Xi研究奖，2001年荣获费希尔奖讲座奖，2002年当选西班牙皇家科学院外籍院士，2003年当选美国国家科学院（NAS）院士，2004年荣获普渡大学理学博士学位，2007年获得瓦尔德讲座奖。目前，伯杰教授担任美国国家科学基金会数学和物理科学咨询委员会主席。研究领域主要包括：贝叶斯统计、基础统计、统计决策理论、模拟、模型选择，以及各种科学和工业跨学科领域，尤其是天文学、计算机建模与统计交叉领域。培养了31名博士，发表论文160多篇，撰写、编辑了14本书籍、专著。

路易·卡法莱（Luis A. Caffarelli），计算工程与科学研究所的数学教授，并担任美国得州大学奥斯汀分校希德·理查森基金会数学董事主席。分别获得布宜诺斯艾利斯大学的科学硕士学位（1969年）和博士学位（1972年）。他曾在明尼苏达大学、芝加哥大学和纽约大学柯朗数学科学研究所任教。1986—1996年，他是普林斯顿高等学院的教授。1991年，当选为美国国家科学院院士。1984年，荣获Bôcher奖。2005年，获得瑞典皇家科学院颁发的著名罗尔夫·朔克数学科学奖。他还荣获了乐华·斯蒂尔数学终身成就奖。卡法莱教授是美国数学学会、阿根廷数学联盟、美国人文与科学院成员。卡法莱教授的研究领域主要是椭圆非线性偏微分方程及其应用领域。他的研究涉及从完全非线性椭圆方程的解的一致性到Navier-Stokes方程组的部分一致性等理论问题。他的最重要贡献包括非线性椭圆型偏微分方程的自由边界问题和解的一致性、优化交通理论，以及同质化理论的结果。

Emmanuel J. Candes，斯坦福大学统计与数学学院教授。他主要研究领域包括：压缩传感、数字信号处理、计算谐波分析、多尺度分析、科学计算、统计估计和检测、高维统计、理论计算机科学、数学优化和信息理论。1998年获得斯坦福大学统计学博士学位。

菲利普·科莱拉（Phillip Colella），伯克利劳伦斯国家实验室应用数值算法团队高级数学家和小组负责人。他是开发科学和工程的数学方法和计算机科学工具的负责人。他的研究工作使软件工具适用于多种流体动力学、冲击波理论和天体物理学问题。科莱拉博士获得加州大学伯克利分校的文学士学位和博士学位。2004年，当选为美国国家科学院院士。

戴维·艾森巴德（David Eisenbud），加州大学伯克利分校数学科学研究所主任。1997—2007年，他担任伯克利大学数学教授。2009年，担任西蒙斯基金会数学和物理科学主任。1970年，艾森巴德获得芝加哥大学数学博士学位。曾在布兰代斯大学任教27年，之后来到伯克利大学任教，并成为哈佛大学、波恩大学和巴黎大学客座教授。他的数学研究领域广泛，包括交换和非交换代数、代数几何、拓扑学和计算机方法。2004年和2005年，曾担任美国数学学会（AMS）主席。2006年，艾森巴德博士当选为美国人文与科学院研究员。目前担任《代数与数论》、《法国数学会通报》《科学与工程计算》，以及施普林格出版社的《数学中的算法与计算系列丛书》的编委。

彼得·威尔考克斯·琼斯（Peter Wilcox Jones），耶鲁大学数学与应用数学教授。1978年获得加州大学洛杉矶分校纯数学博士学位。1978年，琼斯博士在芝加哥大学开始了他的学术生涯，担任米塔格-莱弗勒学院副主任两年，该学院是瑞典皇家科学院的一个研究分院。1981年，荣获塞勒姆奖，该奖项每年授予一位在傅里叶级数理论方面做出突出工作的年轻数学家。1985年，琼斯博士加入耶鲁大学数学系，目前与一个大的研究小组合作，重点研究数学用于生物学和医学建立模型。自1999年纯数学与应用数学研究所成立以来，他一直担任科学顾问委员会主席，该研究所是加州大学洛杉矶分校的一个数学研究所，由美国国家科学基金会创建和资助。琼斯博士是瑞典科学院外籍院士，美国人文与科学院院士和美国国家科学院院士。

Ju-Lee Kim，麻省理工学院数学副教授。1991年获得韩国高等科技研究院学士学位，1997年获得耶鲁大学博士学位。曾在法国里昂高等师范学院做博士后研究，1998年加入密歇根大学。2002年，她进入伊利诺伊大学芝加哥分校，随后到麻省理工学院任教。Kim 博士的研究领域包括表示论、*p* 进组谐波分析、李理论和自守形式。

Yann LeCun，2003 年以来一直是纽约大学柯朗数学科学研究所计算机科学系教授，2008 年被任命为银级教授。1987 年，LeCun 博士获得巴黎皮埃尔和玛丽居里大学计算机科学博士学位。1988 年，他加入新泽西州 Holmdel 美国电报电话公司贝尔实验室自适应系统研究部，后来成为美国电报电话公司贝尔实验室研究语音和图像处理研究实验室图像处理研究部主管。2002 年，成为新泽西州普林斯顿 NEC 研究所（现在为美国 NEC 实验室）的研究员。LeCun 博士的研究主要集中在机器学习、计算机视觉、模式识别、神经网络、手写识别、图像压缩、文件理解、图像处理、超大规模集成电路设计和信息理论。他的手写识别技术已被世界各地的多家银行采用，他的图像压缩技术被数百个网站、出版商，以及数以百万的用户使用，访问网络上的扫描文件。

刘俊（Jun Liu），哈佛大学统计学和哈佛公共卫生学院生物统计学教授。他的研究涉及统计归集、吉布斯采样、图形模型、遗传学、图像重建，以及其他生物统计学和生物信息学方法。获得北京大学数学学士学位（1985 年）和芝加哥大学统计学博士学位（1991 年）。1991 年，刘俊博士在哈佛大学开始了他的职业生涯，1994 年至 2000 年加入斯坦福大学，并在 2000 年回到哈佛大学。他的荣誉包括：2002 年数理统计学会（IMS）讲师奖章；2002 年考普斯（COPSS）总统奖，该奖项授予为统计学专业做出突出贡献的年轻人；2004 年当选数理统计学会研究员；2004 年当选伯努利学会讲师。著有《科学计算中的蒙特卡罗策略》（2001），培养了 18 名博士研究生，为计算生物学的 18 个软件模块做出贡献。

胡安·马尔达西那（Juan Maldacena），普林斯顿高等研究院的理论物理学家。在他的许多研究发现中最有名的是 AdS/CFT 对偶，即反德西特（AdS）空间弦理论及其边界上定义的共形场论等价性的猜想。1991 年，马尔达西那获得阿根廷巴里洛切门多萨国立大学 Balseiro 研究所的“licenciatura”（一种六年制学位）。1996 年获得普林斯顿大学博士学位，在罗格斯大学做博士后。1997年，他到哈佛大学任副教授，1999年晋升为物理学教授。2001年，他是普林斯顿高等研究院教授。2004年荣获美国物理学会的Edward A. Bouchet奖、2001年荣获国际桑卓普洛斯引力物理研究奖、1999年荣获麦克阿瑟基金奖的赛克勒物理学奖，以及2008年的狄拉克奖章。

约翰·摩根（John W. Morgan），纽约州立大学石溪分校西蒙斯几何和物理中心主任。分别于1968年和1969年分别获得莱斯大学文学学士学位和数学博士学位。1969—1972年，任普林斯顿大学辅导员，1972—1974年在麻省理工学院任助理教授。自1974年以来，他一直是哥伦比亚大学教师。2009年7月，摩根博士到纽约州立大学石溪分校担任西蒙斯几何和物理中心的第一任主任。哈佛大学、斯坦福大学、巴黎多菲纳大学（MSRI）、高等研究院和巴黎高等科学研究所客座教授。曾当选为美国国家科学院院士，担任《美国数学学会学报》和《几何与拓扑》杂志编辑。

尤瓦·佩雷斯（Yuval Peres），1990年获得耶路撒冷希伯来大学博士学位，任职于希勒尔弗斯滕伯格。1993年，佩雷斯博士在加州大学伯克利分校统计学系任教，担任数学和统计学系教授，最近加入微软研究院管理理论研究小组。佩雷斯的研究涵盖概率论广泛主题。其研究可描述为几何发挥重要作用的无限离散结构概率。例如，包括无穷Cayley图的随机渗流研究，其中（与通常的d维格子设置对比）无限多的无限组成部分具有共存的可能性。佩雷斯的工作说明了用概率论处理纯数学的其他领域的新兴活跃领域。

Eva Tardos，康奈尔大学计算机科学系雅各布·古尔德舒尔曼教授，于2006—2010年间任系主任。获得布达佩斯罗兰大学文学学士学位和博士学位。她拥有波恩大学洪堡研究职位，巴黎多菲纳大学和罗兰大学匈牙利科学院博士后职位，并于1987—1989年在麻省理工学院数学系做客座教授，之后任教于康奈尔大学。Tardos博士荣获了数学规划学会（MPS）和美国数学学会联合颁发的富尔克森奖，并荣获数学规划学会和美国工业与应用数学（SIAM）协会联合颁发的丹齐克奖。她被授予艾尔弗雷德斯隆研究基金奖（1991—1993）、美国国家科学基金会总统青年研究者奖（1991—1996）、戴维和露西尔·帕卡德基金会科学与工程基金奖（1990—1995），以及古根汉基金奖（1999—2000）。她是彼为计算机械协会（ACM）、运筹学和管理学研究协会（INFORMS）和美国工业与应用数学协会会员，美国人文与科学院院士和美国国家工程研究院院士。Tardos 博士的研究领域包括：算法和算法博弈论，为个人用户设计系统和算法的计算机科学理论。她的研究主要集中在算法和网络游戏。她最著名的工作是网络流算法、近似算法和量化自私路由的效率。

玛格丽特·莱特（Margaret H. Wright），纽约大学柯朗数学科学研究所计算机科学银级教授。获得斯坦福大学数学学士学位，计算机科学硕士学位和博士学位。2001 年加入纽约大学之前，她是朗讯科技贝尔实验室技术人员杰出会员和贝尔实验室研究员。她的研究领域包括优化、线性代数、科学计算和应用。与他人合著有《实用优化》和《数值线性代数与优化》两本书，单独发表和合作发表许多篇研究论文。她是美国国家科学基金会数学和物理科学董事会咨询委员会主席和美国能源部先进科学计算咨询委员会主席，她还担任过美国国家科学基金会和美国国家研究委员会其他几个委员会的职务。德国科学基金会（DFG）研究中心“Matheon”（柏林）科学顾问委员会和工业与应用数学中心（瑞典）的成员。美国国家科学院和美国国家工程研究院两院院士，最近主持了英国 2010 年数学科学国际评审。莱特博士是美国人文与科学研究院院士，曾获得沃特卢大学（加拿大）荣誉数学博士学位和瑞典皇家理工学院（KTH）技术荣誉博士学位。

乔·怀亚特（Joe B. Wyatt），1982—2000 年担任范德比尔特大学校长兼首席执行官。在他任职期间，他带领范德比尔特大学升级至美国顶级教学与研究型大学。他负责扩展大学课程，学生多元化，以及范德比尔特捐赠从 1.7 亿美元增加到 20 亿美元以上。在加入范德比尔特大学之前，怀亚特博士是哈佛大学的一名教师和管理人员，1976—1982 年间担任行政副校长。在此期间，他是大学校际交流理事会（EDUCOM）领导，大学校际交流理事会是 450 所大学组成的联盟，开发计算机网络和系统，共享信息和资源。

怀亚特博士与他人合著了《高校财务规划模型》一书，在技术、管理和教育等领域撰写了多篇论文。怀亚特博士的早期职业生涯从1956年开始于通用动力公司，专注于计算机科学和系统学，随后是生元国际公司，该公司于1965年由他和别人共同创立。怀亚特先生是马萨诸塞州科技发展公司的联合创始人、副董事会主席和投资委员会主席，该公司是一家公共/私人风险投资集团，已资助了马萨诸塞州的许多成功的技术型公司。目前，他是大学研究协会的董事会主席。

工 作 人 员

斯科特·魏德曼（Scott T. Weidman），美国国家研究委员会数学科学及其应用董事会（BMSA）主任。他于1989年加入美国国家研究委员会数学科学董事会，1992年转至化学科学与技术董事会。1996年，他成立了一个新的董事会，对美国陆军研究实验室进行年度同行评审，美国陆军研究实验室开展了广泛的科学、工程和人为因素研究和分析，后来他管理了一个类似的董事会，评审美国国家标准与技术研究院。自2004年中期以来，魏德曼博士一直供职于数学科学及其应用董事会。在美国国家研究委员会工作期间，他主持了数学、化学、材料科学、实验室评估、风险分析、科学和技术政策等主题的多项研究。他目前的工作重点是建立美国国家研究委员会分析与计算科学各个领域的能力和投资计划。他获得了西北大学数学与材料科学学士学位，弗吉尼亚大学应用数学硕士学位和博士学位。加入美国国家研究委员会之前，他曾供职于通用电气公司、通用意外保险公司、埃克森美孚研究与工程公司和MRJ支线飞机公司。

米歇尔·施瓦尔布（Michelle Schwalbe），美国国家研究委员会数学科学及其应用董事会和能源与环境系统董事会（BEES）的计划官员。2010年之前，她一直在美国国家科学院工作，2010年加入了数学科学及其应用董事会的克里斯廷Mirzayan科学与技术政策研究生奖学金计划。她曾进入美国国家科学院的报告审查委员会工作，之后又重新加入数学科学及其应用董事会和能源与环境系统董事会。在数学科学及其应用董事会工作期间，她的职责是验证、确认和不确定性量化的分配；数学科学图书馆的未来；2025年的数学科学，以及应用与理论统计委员会。她的研究领域涉及数学、统计学及其应用。获得加州大学洛杉矶分校应用计算数学专业学士学位、西北大学应用数学硕士学位和西北大学机械工程博士学位。

托马斯·埃里森（Thomas Arrison），美国国家科学院政策与全球事务部高级参谋。1990年，加入美国国家科学院，曾指导过国际科学与技术关系、创新、信息技术、高等教育和加强美国研究事业等领域的一系列研究和其他项目。他获得了密歇根大学公共政策和亚洲研究硕士学位。